知識ゼロでも楽しく読める!

医学博士
大和田潔 監修

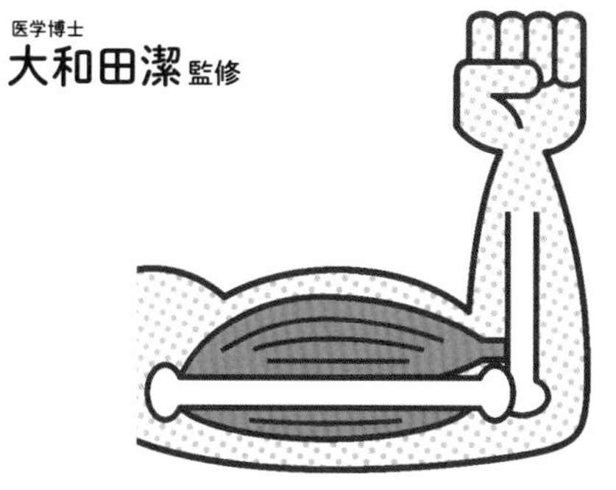

西東社

はじめに

私たちは、生まれたときからつねに「受け身」です。

この世に生を受けた私たちは、母親の匂いや手ざわり、ぼんやり見える光など、すでにあるモノを知覚することから始まり、世界に満ちている味や香り、音といった五感の刺激を受けて育っていきます。

このように、私たちの人生においては、外の世界がまずあって、その世界を理解していくという「受け身」の連続なのです。そして、2021年になってようやく「感覚器のしくみ」がわかったことがノーベル賞に輝くくらい、私たちヒトは、自分自身のしくみについて知らないことだらけです。

星も月も宇宙も重力も何もかも、ずっとヒトと関係なくそこに存在してきました。そのような世界の中で、私たちは海や森、川などの地形を利用して暮らし、生き物として好きな相手と出会って子孫を残します。そしてまた、お母さんのお腹のなかでヒトというしくみが形作られて、新たなヒトが生まれてきます。

このようなヒトのしくみについて、まだまだわからないことがたくさんあります。子どもや孫がなぜかわいく思えるのか、イヌやネコ、トリなどのほかの動物の子どもまでどうしてかわいく感じるのか、なぜ受精卵がヒトの形になっていくのか、親の加齢による変化は、なぜ受精卵でリセットされて受け継がれないのか…。このように、私たちは自分のカラダですら「そうなっているから」という「受け身」で、毎日それをただ受け入れているだけなのです。

そしてヒトは、「なぜかこうやってできている」ヒトのカラダのしくみを研究して、さまざまなモノを作り出し、対応できるようにつくり上げてきました。交通を整え、貨幣を作って便利にして社会を形成してきました。最先端のインターネットやゲームの画面やキーボード、コントローラーといったものも、元々あるヒトの五感や手足のしくみが利用しやすいように、工夫されてつくられてきたのです。

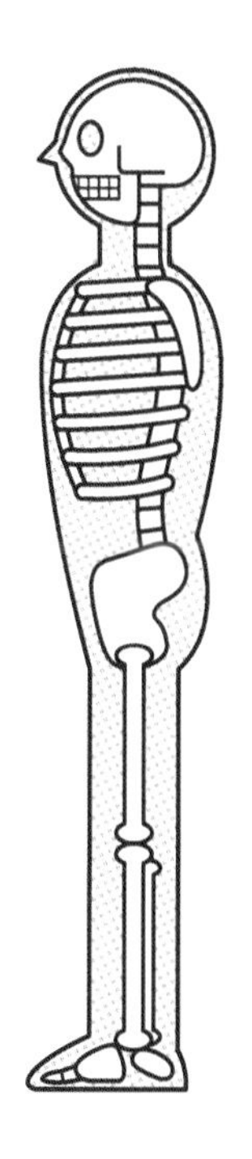

私たちは、何もかも受け身でわからないことだらけの中に生まれ落ちます。わからないことだらけだからこそ、知ったかぶりをしないで、好奇心のおもむくままに能動的にありのままを観察することこそが、大切で楽しい作業だと私は思っています。私が医療者になる方々を応援する本をたくさん監修してきたのもその一環です。

この本は、ヒトのカラダについて、ほんの少しだけ観察できたことを、楽しく理解する手がかりになるよう記されたものです。出版後に、台湾でも翻訳版が出版されました。これからもっとヒトのナゾのワクワクが、国を超えてより多くの人々に届くことを願っています。

医学博士 大和田潔

もくじ

1章 知りたい！ ヒトのカラダの疑問あれこれ…… 9▼70

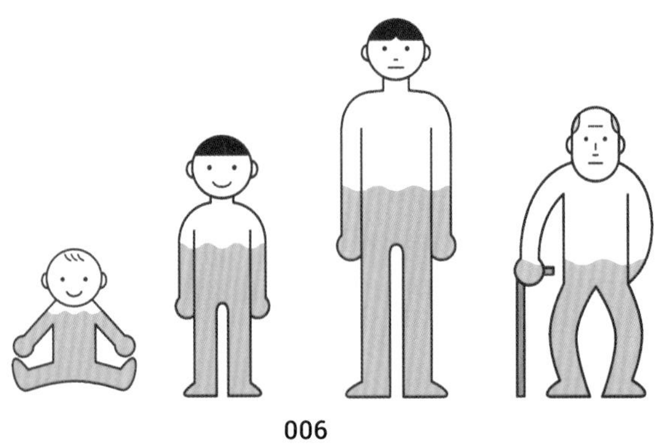

3章 そうだったのか！ ヒトの脳、神経、遺伝子 …… 139▼189

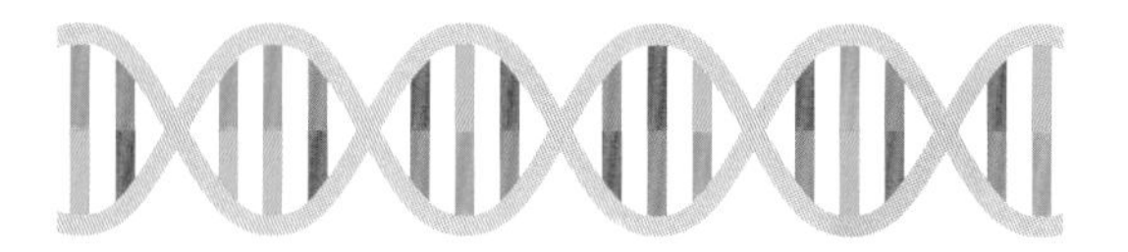

1章

知りたい！
ヒトのカラダの疑問あれこれ

なぜ、ヒトはウイルスに感染したり、
花粉症が起きたり、ストレスを抱えたりするのでしょうか。
私たちのカラダに何が起き、どうなっているのか。
カラダのしくみをのぞいてみましょう。

ヒトのカラダはどんなしくみ？

なるほど！

1つの細胞から生まれた各器官が協力しあって、ヒトは動いている！

私たちのカラダは、どんなしくみでできているのでしょうか？

ヒトのカラダは、脳、心臓、胃、肝臓、皮膚など、さまざまな器官（臓器）からできています。器官はそれぞれ独自の機能をもっていますが、**各器官は互いに協力しあって、私たちが生きていくために重要なはたらきをしています**〔右図〕。

口と胃腸は協力しあって、食べ物を消化・吸収します。呼吸では、鼻口、気管、肺が協力しあって酸素を取り入れ、取り入れた酸素は、心臓と血管の力でカラダのすみずみの細胞まで送り届けられます。

脳は、これら生命活動のすべてを管理します。私たちが考え、記憶し、喜怒哀楽の感情が生じるのは脳があるためです。一方で、消化や呼吸といったはたらきが、自分の意思とは無関係に行われるのも不思議ですよね。これは、脳の管理下にある、カラダの活動を絶え間なく管理する自律神経という機能のおかげです。

そんな私たちのカラダは、**元々が1つの細胞から増えていってできあがっています**。始まりは1つの受精卵からで、細胞内にあるDNAのはたらきによって、いろいろな機能をもつ器官や細胞が発生し、カラダをつくり上げるしくみになっています。不思議ですよね。人体はまだわかっていないことだらけなのです。

ヒトは1つの細胞が増殖してつくり上げられる

人体のしくみとはたらき

カラダの各器官が協力しあって、生命活動を維持している。

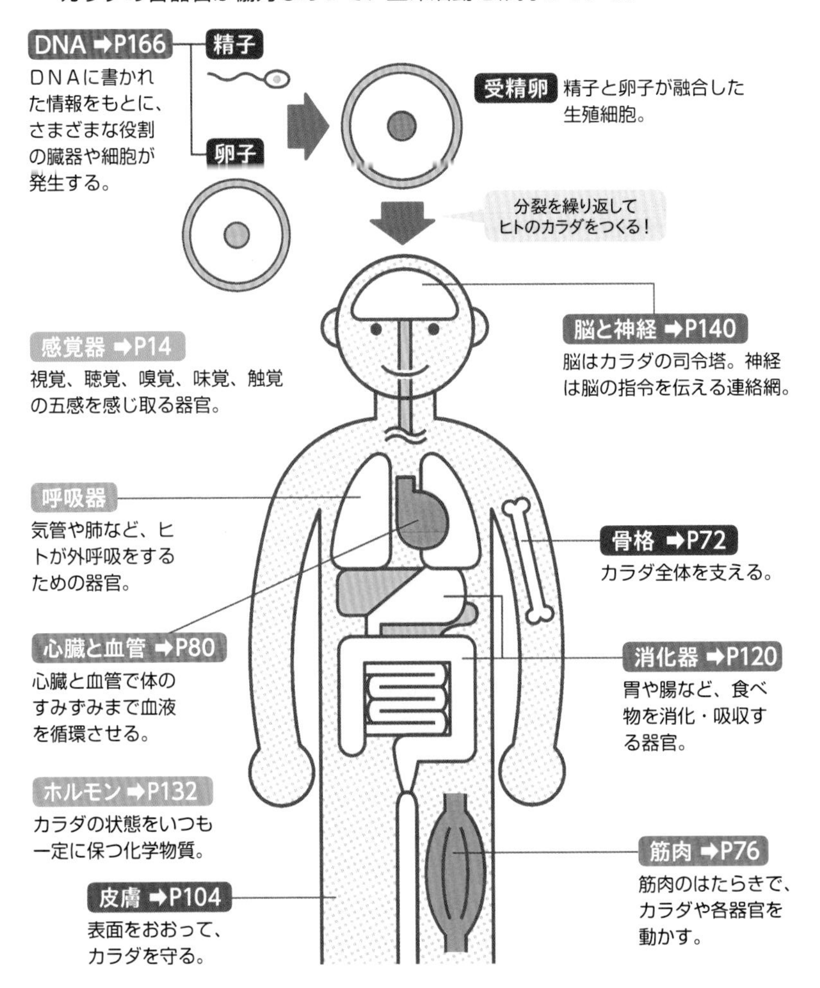

02 ［基礎］ カラダの最小単位？「細胞」のしくみ

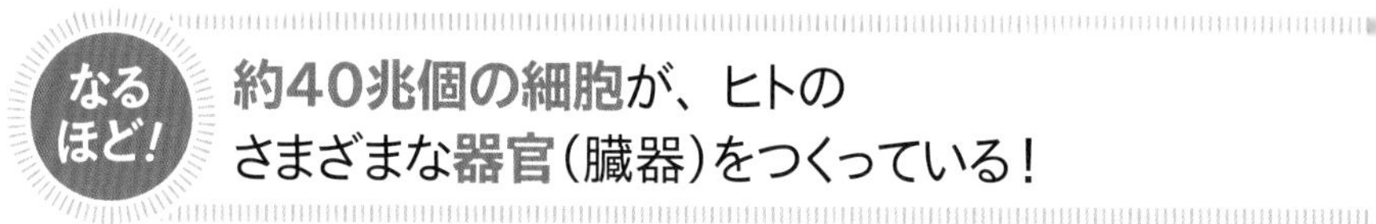

約40兆個の細胞が、ヒトのさまざまな器官（臓器）をつくっている！

ヒトのカラダは、何でできているのでしょうか？

生物のカラダをつくる最小単位は「細胞」です。**ヒトのカラダは、約40兆個の細胞からできています**。大きさは直径100〜200分の１ミリ程度。１つひとつが細胞膜という膜でおおわれていて、中には「核」があります。核の中には、体をつくる設計図である「DNA（➡P166）」が納まっています〔図1〕。

ヒトのカラダは、骨、筋肉、内臓など、はたらきの異なるさまざまな器官（臓器）でできています。特定の機能を発揮するための細胞が集まって、臓器というユニットをつくっています。

例えば、心臓という器官は、血液を送り出すための筋組織、心臓を形づくる結合組織などが組み合わさってできており、心臓の筋組織は筋細胞が集まってつくられています。**細胞は基本的には同じつくりですが、器官によって、細胞の大きさや形は異なります**〔図2〕。

カラダや細胞には多くの水分が含まれ、カラダの約60％は水分です（➡P114）。私たちは水から生まれてきた生き物なのです。

ちなみに、生物はもともと１つの細胞からなる単細胞生物でしたが、その後群体化した単細胞生物が、さまざまな機能をもつ多細胞生物に進化して、現在のような形となったとされています。

カラダをつくるさまざまな細胞

細胞とは？〔図1〕

生物のカラダをつくる最小単位。ヒトのカラダは約40兆個の細胞からなる。

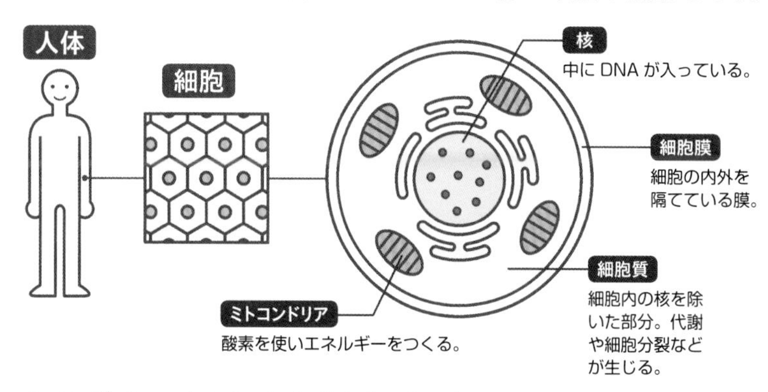

カラダをつくるおもな細胞〔図2〕

細胞の役割や大きさはさまざま。どれも小さくて肉眼では見えない。

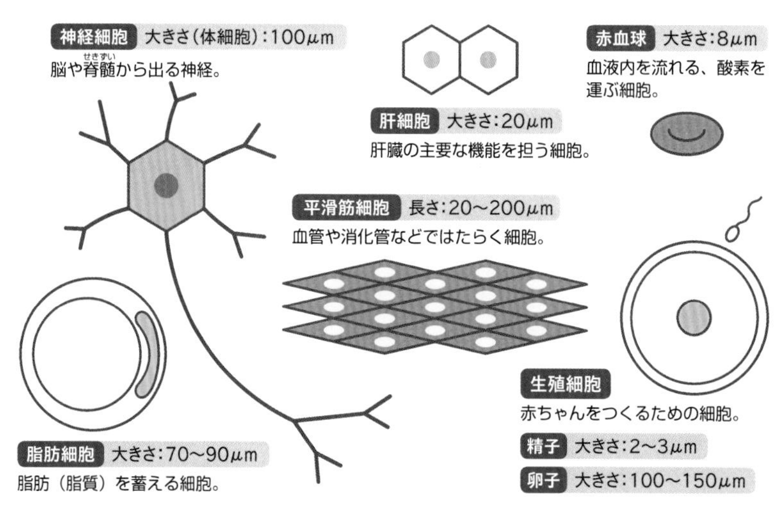

※μm＝マイクロメートル。1,000分の1ミリメートルのこと

03 ［感覚］「五感」って何？何をどこで感じてる？

感覚器でとらえた視覚、聴覚、嗅覚、味覚、触覚の情報を、脳が感じている！

「五感」とは、視覚、聴覚、嗅覚、味覚、触覚のことですが、どうしてこういった感覚を、ヒトは感じるのでしょうか？

五感それぞれの感覚に対応する「感覚器」は、目、耳、鼻、舌、皮膚や粘膜などです。**感覚器でとらえた外的刺激（情報）は、電気信号に変えられます**。そして、体じゅうにはりめぐらされた神経を通じて脳へ送られて、それぞれの情報を得るのです〔右図〕。

古代ギリシアの学者アリストテレスは、感覚器でとらえた情報は、血管を介して心臓へ伝えられると考えました。また、西洋でも東洋でも心臓で知覚し、心も心臓に宿ると信じられていました。日本語に「心のあたたかい人」「自分の胸に聞いてみる」などの言い方があるのは、その理由からでしょう。

しかし現代では、知覚情報を処理するのは、脳であることが明らかになっています。目、耳、鼻など感覚器で得た情報は神経を介して脳に伝わります。**感覚情報をまとめて「認識」し、「感じている」のは脳**なのです。

大脳皮質には、各感覚情報を処理する領域が分布しています。カナダの医学者ペンフィールドは、患者の脳手術の際に弱い電流を流し、どの感覚を大脳皮質のどこで感じているかをつきとめました。

知覚情報は大脳皮質で処理される

感覚器と脳は神経でつながる

感覚器でとらえられた外からの刺激は、その感覚器で電気信号に変えられ、神経を通じて脳に送られる。

感覚器	目	耳	鼻	舌	皮膚
神経	視神経	聴神経	嗅神経	舌咽神経（顔面神経）	末梢神経
大脳皮質の領野	視覚野	聴覚野	嗅覚野	味覚野	体性感覚野

大脳には、厚さ2〜4ミリの大脳皮質と呼ばれる層がある。大脳皮質には「領野」と呼ばれる領域があり、それぞれ専門の感覚情報を処理する。

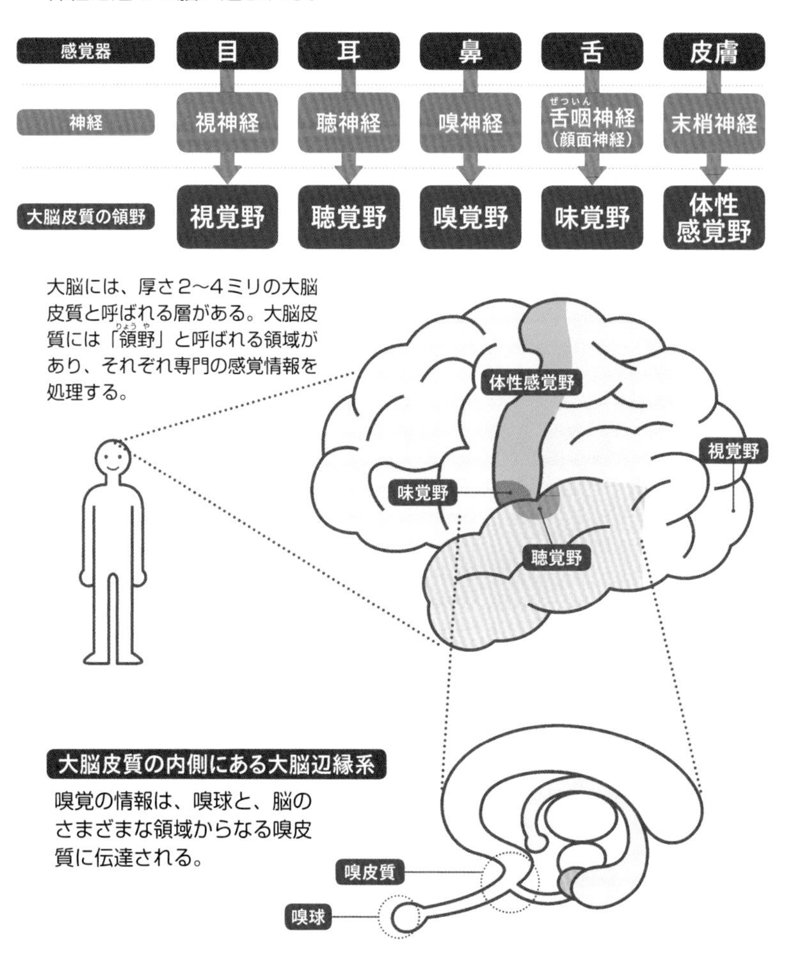

大脳皮質の内側にある大脳辺縁系

嗅覚の情報は、嗅球と、脳のさまざまな領域からなる嗅皮質に伝達される。

Q 視力・聴力・嗅覚。ヒトはどれなら動物に勝てる？

vsワシ 遠くを見る力	or	vsイルカ 音を聞き取る力	or	vsイヌ 匂いを嗅ぐ力	or	勝負にならない

ヒトは、見る力・聞く力・匂いを嗅ぐ力において、どのくらいの能力を秘めているでしょうか？　視力のよいワシ、超音波を聞き取るイルカ、嗅覚の優れるイヌと比べて、少しでも勝てる可能性がある能力はどれでしょうか？

目の能力から見てみましょう。**ヒトの正常な視力は視力1.0**。最高の視力は諸説ありますが、**視力4.0**が多く報告されています。さてワシの視力はというと、だいたいヒトの８倍あるといわれます。つまり、**ワシの視力は8.0ぐらい**。これは視細胞の数から判断された数値ですが、ワシが上空50メートルから地上にある２ミリのエ

サを認識できたという実験があります。ヒトに勝ち目はありません。

音を聞き取る力はどうでしょうか。低音や高音といった音の高さは、空気が１秒間に振動する回数ヘルツであらわされ、ヒトが耳で聞くことができるのは、**20～２万ヘルツ**。一方、**イルカは150～15万ヘルツ**と幅広い音を聞き取り、加えて、音の波で数百キロメートル離れた仲間と会話できます。これもイルカの圧勝ですね。

匂いを嗅ぐ能力はどうでしょうか。視力や聴力のような指標はありませんが、**ヒトは約500万個の嗅細胞**（匂い物質を感じ取るセンサー）をもつといわれます。一方、イヌの嗅覚は、ヒトの数百万倍も優れているといわれます。**大型犬の嗅細胞は約３億個**といわれ、麻薬や爆発物など、ヒトが感じとれない匂いまで嗅ぎ取ります。

これもまたイヌの圧勝に思えますが、実はヒトのほうが敏感な匂いがあるのです。**バナナの匂いに関しては、ヒトはイヌよりも敏感**といわれます。不思議なことですが、ヒトの祖先にとって、生きるために大事な匂いだったのでしょう。

つまり、ヒトは特定の匂いではイヌに勝てるかもしれませんが、標題の感覚器の機能で、これらの動物とは勝負になりませんね。

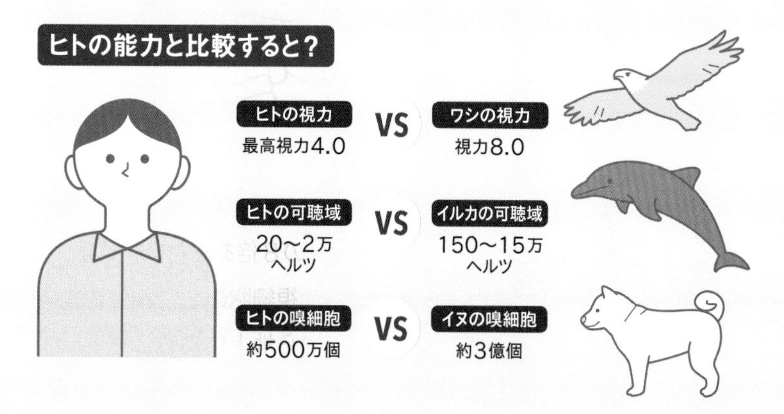

04 免疫って何？ どういうしくみ？

［免疫］

「**自然免疫**」と「**獲得免疫**」の２種類があり、防衛軍（白血球など）が**病原体を撲滅**する！

「免疫」は、**ヒトの体にある細菌やウイルスなどの病原体と戦う「防衛軍」としてはたらくしくみ**です。防衛軍とは、外敵の侵入を防いだり、侵入した異物を排除したりするしくみです。防衛軍は「白血球」が中心となります。その中のひとつ、好中球などの食細胞は病原体をのみ込んで消化します。

免疫には、さまざまな異物を認識し戦う**「自然免疫」**と、特定の敵と戦う**「獲得免疫」**があります〔右図〕。

獲得免疫では、**T細胞（Tリンパ球）**と**B細胞（Bリンパ球）**という２つの白血球が活躍します。T細胞は、樹状(じゅじょう)細胞から病原体の情報を受け取ると、キラーT細胞として全身をめぐります。受け取った情報をもとに病原体や、病原体に感染した細胞を破壊します。

B細胞は、**抗体**とよばれるたんぱく質をミサイルのように次々と放出します。抗体はさまざまなものを認識できるようにつくることができます。B細胞は、病原体**（抗原）**の表面に合う抗体をつくり出します。抗体がくっついた病原体は、白血球が見つけて処理しやすくなります。抗原に合う抗体を出せるようになったB細胞はクローン※で数を増やし、**体内を回っては抗体を撃ち出し、病原体を撃ち落として白血球のえじきにする**のです。

※1つの細胞から分裂・増殖した細胞群。

白血球にはいろいろな種類がある

免疫のしくみ

2種類の防衛システムで、体に侵入した病原体を撲滅する。

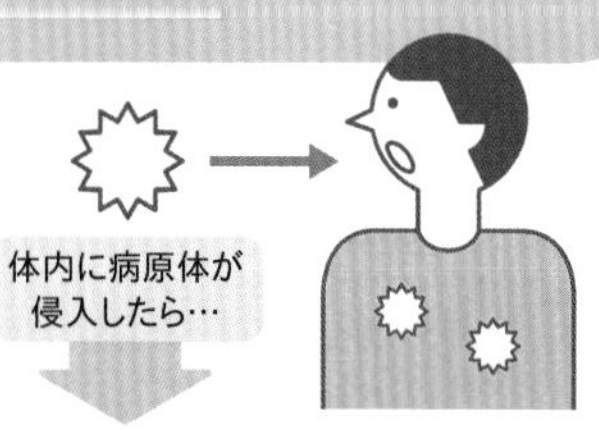

第1の防衛軍：自然免疫

マクロファージやNK細胞などが、体内に侵入した病原体を分解・攻撃し、排除する。

樹状細胞

病原体を取り込み、病原体情報をT細胞に伝える。

マクロファージ

病原体を捕食し、病原体情報をT細胞に伝える。

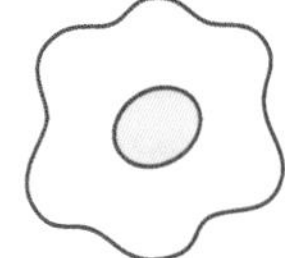

好中球

病原体を取り込んで消化する。一番多い白血球。

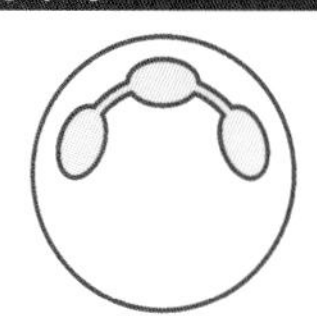

NK細胞

異物を認識し攻撃する。

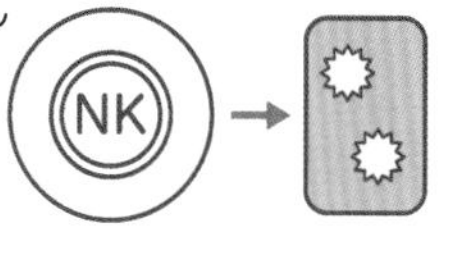

第2の防衛軍：獲得免疫

自然免疫と連携し、病原体の情報をもとに、病原体を攻撃する。

T

それぞれに
情報を伝達！

キラーT細胞

情報をもとに病原体を特定して破壊。

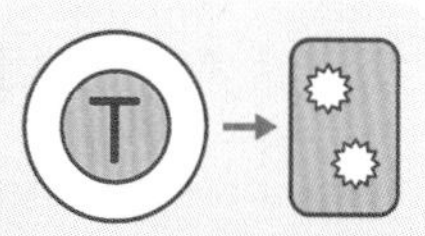

B細胞

情報をもとに抗体をつくって病原体に目印をつける。

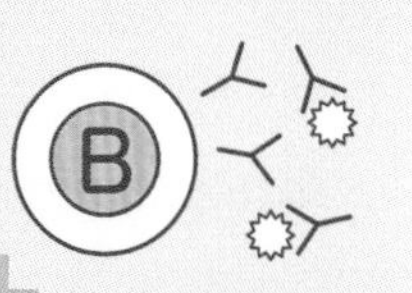

一度感染し、排除された病原体の情報は記憶され、次に同じ病原体が侵入したとき、すぐさま排除される！

05 花粉症って どうやって起こるの？

［免疫］

「**獲得免疫**」の細胞が**花粉を敵と見なし**、**過剰に反応する**ために起こる現象！

多くの人が悩まされる花粉症。さまざまな対処法は知られていますが、そもそも、どんなしくみで発症するのでしょうか？

花粉症とはアレルギーの一種です。アレルギーとは、カラダを守るはずの免疫が継続的に活発になり過ぎる反応です。スギの花粉症の場合、**体内に侵入したスギ花粉のタンパク質を、免疫細胞が敵としてとらえ、過剰に反応します**。その結果、くしゃみ、鼻水、鼻づまり、目のかゆみなどの症状を引き起こすのです〔右図〕。

花粉の症状は、おもに肥満細胞から放出される**ヒスタミン**などの化学物質が原因です。化学物質には、血管の壁をゆるくする作用があり、粘膜のむくみや鼻汁、充血、じんましんが起きたりします。カラダが化学物質に強く反応すると血圧が下がって気分が悪くなったり、気管に炎症が起きてぜんそくが起こったりすることも。

花粉症はすぐ発症するわけではありません。**花粉に対してアレルギー反応を起こしうる状態になるには時間がかかり、十分な量の花粉の抗体をつくるには数年から数十年かかる**といわれました。環境の変化により、その時間も短くなっているようです。

花粉症になる原因はよくわかっていませんが、その人の反応性により花粉症にならない人もいます。

花粉症はアレルギーの過剰反応

スギ花粉のアレルギーのしくみ

1 体内にはじめて花粉（抗原）が侵入。

2 マクロファージや樹状細胞が花粉を異物と判定。花粉（抗原）の情報をＴ細胞に伝える。

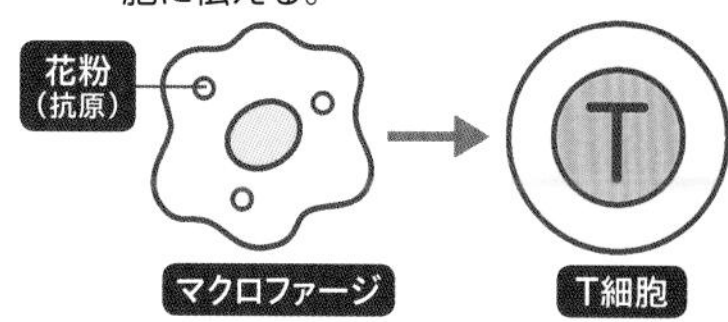

3 Ｔ細胞からＢ細胞へと、抗原の情報を伝える。

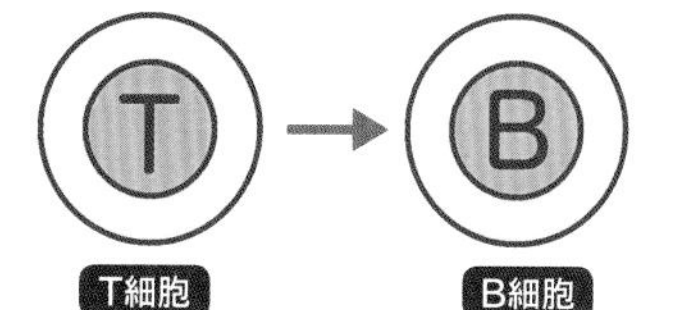

4 Ｂ細胞は、抗原をやっつける抗体をつくり出す。

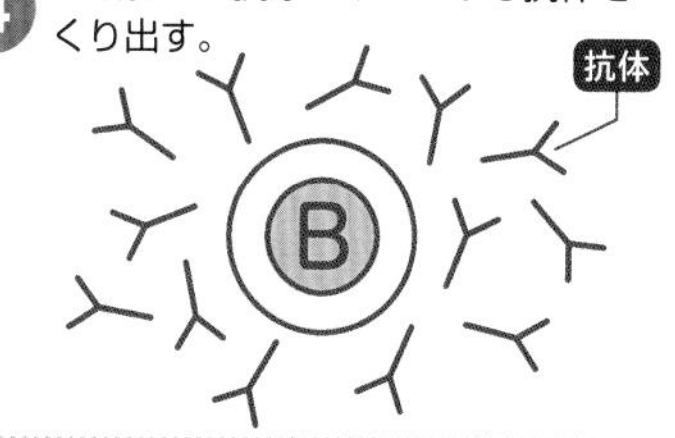

5 抗体は肥満細胞の表面にくっつき、抗原の侵入に備える準備完了。

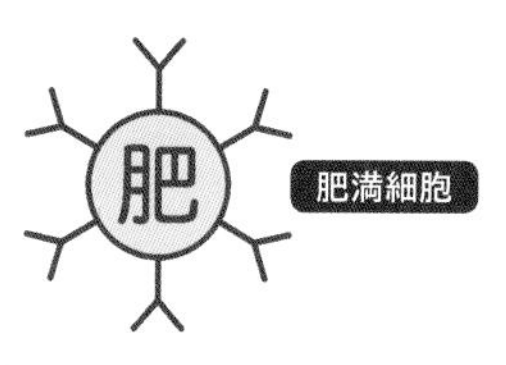

6 花粉が体内に侵入し続ける。

7 花粉と肥満細胞が出合うと、抗原と抗体が結合。すると肥満細胞はヒスタミンを放出。

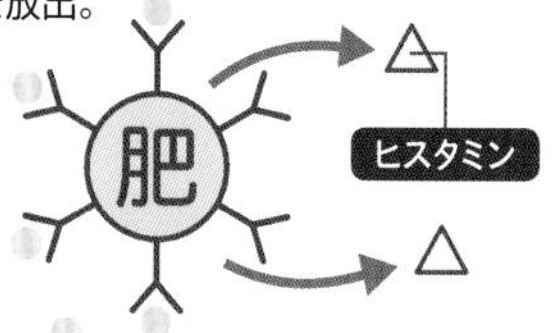

8 ヒスタミンは血管に作用し、鼻やのど、目などに炎症を起こす。

06 「ウイルスに感染」とはどういう状態？

［病気］

なるほど！ ウイルスがヒトの体内に侵入し、細胞に**ウイルスが入りこんでいる**状態！

ウイルスの構造は、**DNAまたはRNA（自身の設計図となる物質）を、カラが包んだ単純なしくみ**になっています。大きさは1,000分の１～10万分の１ミリ程度と、生物である細菌よりもずっと小さく、生物特有の細胞をもっていません〔図1〕。

ウイルスは、身のまわりのあらゆるところに存在します。これが空気や皮膚の接触などを通して体内に入ると、体内のたどり着いた場所で増殖を始めようとします。

しかし、ウイルスは自分の力で増えることはできません。そのため、ウイルスは細胞に入りこんでカラを脱ぎ、自身の遺伝子を細胞内に放出します。すると、ウイルスの遺伝子が細胞内で複製されます。**こうなると、細胞がウイルスをどんどんつくり始めてしまう**のです。

ウイルスが細胞の中で自己を複製し、完成すると外へ出ていきます。そして次々と細胞に入りこみ、増殖を繰り返します。**この勢いは、１個のウイルスが１日で10万個に増えるほどの凄まじさ**です〔図2〕。この状態が感染です。ウイルスを排除しようとして免疫システムが発動すると急性炎症の症状が出ます。カラダにはウイルスと戦うために、発熱、せき、くしゃみなどの症状が起こります。

自分で増えずに細胞に増やしてもらう

ウイルスとは〔図1〕

生きた細胞に寄生して、細胞内でのみ増殖する病原体（微生物）。細胞よりはるかに小さく、細胞とは構造が異なり、DNA（核酸）またはRNA（リボ核酸）を中心にカラ（カプシドなど）に包まれている。

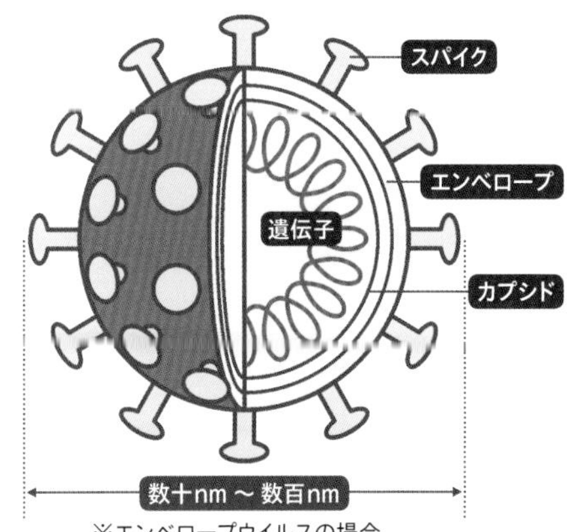

※エンベロープウイルスの場合。

1日で10万倍に急増〔図2〕

ウイルスは細胞の中で自己を複製し、増殖する。

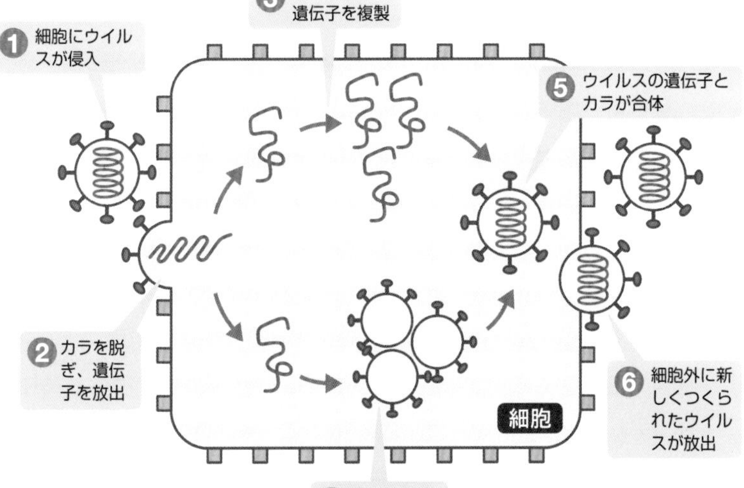

※複製のやり方はウイルスによってさまざまです。

07 ［病気］ 頭痛はなぜ起こる？ どんな種類があるの？

筋肉のこりが原因の「**緊張型頭痛**」と、脳血管の三叉(さんさ)神経への刺激が原因の「**片頭痛**」がある！

風邪をひいたわけでもないのに、頭が痛い…。私たちの悩みの種、頭痛は、なぜ起こるのでしょうか？　頭痛の原因はさまざまで、よく見られるのが**「緊張型頭痛」**と**「片頭痛」**です。

緊張型頭痛は、長時間同じ姿勢をとるなどして、頭や首の筋肉がこることで、痛みを引き起こすと考えられています〔図1〕。

片頭痛は脳血管が拡張し、その周囲の三叉神経が刺激されるために痛むと考えられています。睡眠リズムの乱れ、脳の作業量の増大、ストレスなど、生活上の変化で出やすくなるようです〔図2〕。

緊張型頭痛は、ストレッチや入浴で首や肩を温め、血行をよくすることで改善できることが多いです。片頭痛は、嘔吐(おうと)をともなうなどひどい発作を繰り返すときには専用の薬が必要になります。

二日酔いによる頭痛もありますよね。これは、アルコールの分解で発生するアセトアルデヒドが、血管を広げることで起こります。

アイスクリームやかき氷を急いで食べたときも頭が痛くなります。原因には諸説ありますが、急に冷えた口の中の温度を戻すために血管が広がり、片頭痛のように頭痛が起こる説が有力です。三叉神経が、急な冷たい刺激を受けて、短時間だけ片頭痛と同じメカニズムが起きるといわれています。

緊張型頭痛と片頭痛はあわせて起こることも

緊張型頭痛とは?〔図1〕

頭や首の筋肉の「こり」や「はり」が神経を刺激して、痛みを引き起こすと考えられている。

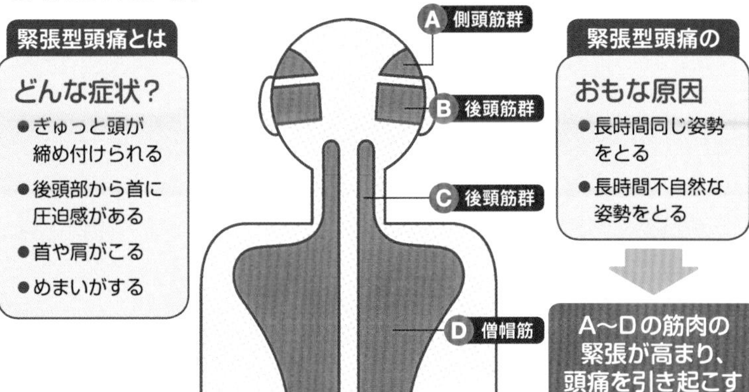

片頭痛とは?〔図2〕

脳血管が拡張し、三叉神経を刺激することで痛みが起こると考えられている。

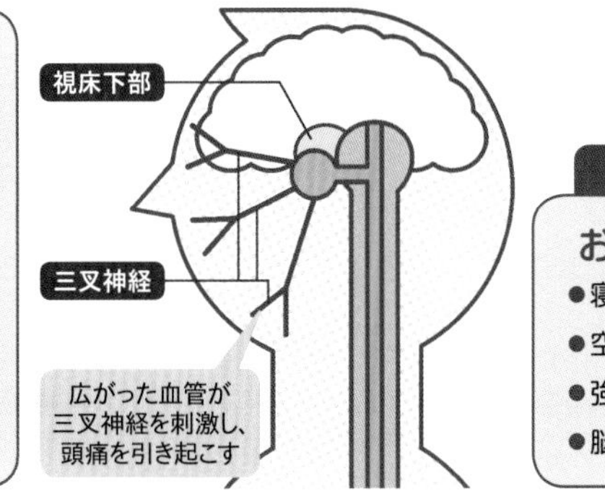

08 ［病気］ なぜ風邪をひくと熱が出たり震えるの？

カラダに危機を知らせるサイトカインという物質が出るから！

風邪をひいたときなどに、発熱してカラダがぶるぶる震えますよね。**風邪とは、鼻からのどまでの「上気道」と呼ばれる部分の急性炎症**です。原因のほとんどがウイルスによるもので、ウイルスとカラダが戦うと、防御反応として「炎症」が起こり、発熱や悪寒などの症状が生じます。

体内に侵入したウイルスは、細胞を破壊し、数を増やしていきますが（➡P22）、このとき、白血球は**「サイトカイン」**という物質を出しながら盛んに応戦します。サイトカインはほかの白血球を呼び寄せるほか、**脳の視床下部（ししょうかぶ）にある「体温調節中枢」も刺激**します。

体温調節中枢から体温上昇の指令が出ると、**体温を上げるため、骨格筋を小刻みに震えさせて、熱をつくり出そうとします**。そのため、カラダががたがた震えるのです。この段階までいくと、多くの場合、体温は38度以上に上がります〔右図〕。

発熱による関節痛やだるさは、私たちをじっとさせる方向にはたらきます。免疫システムはエネルギーを使う作業です。自然に動き回らず、カラダを治すことに専念することになります。

適切な発熱は、免疫力を上げて酵素反応を高め、カラダに有利にはたらきます。

ウイルスは高温が苦手

風邪による発熱のしくみ

発熱は、白血球が出すサイトカインがおもな原因となる。

1 ウイルスが気道に入る

ウイルスが鼻、口、のどの粘膜に取りつく。

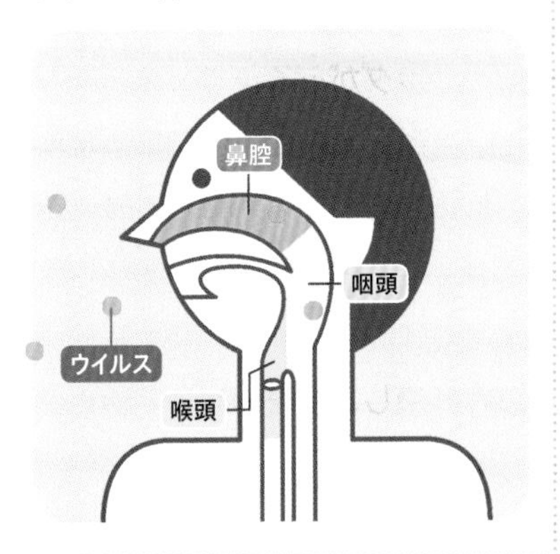

2 白血球vsウイルス

白血球がウイルスと戦い始めると、サイトカインを放出。サイトカインは、敵の侵入をカラダに知らせるはたらきがある。

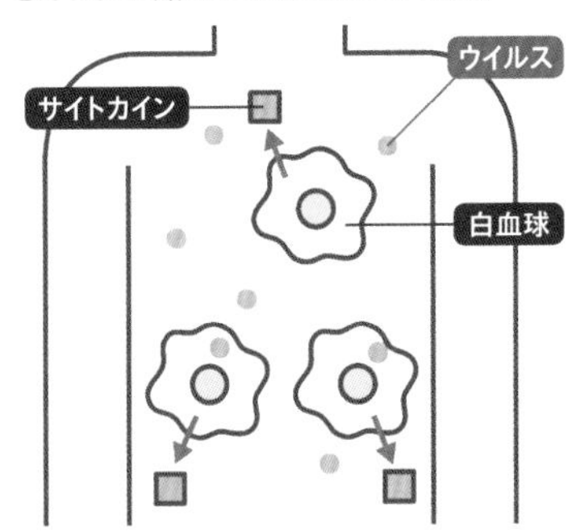

3 体温調節中枢を刺激

サイトカインは脳の「体温調節中枢」も刺激する。

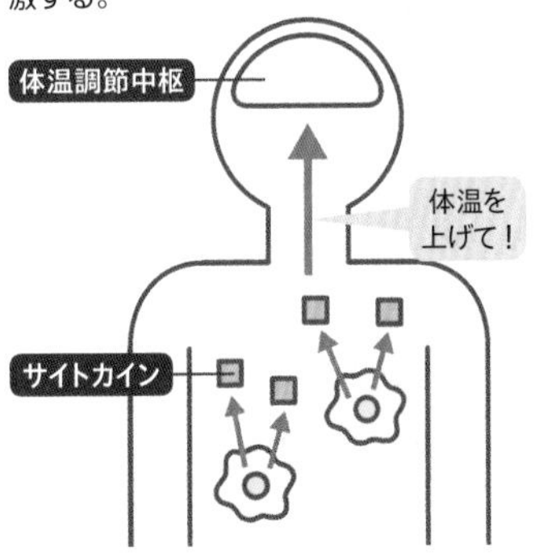

4 カラダが震える

体温を上げる指令を受けると、カラダの各所は筋肉を震えさせて発熱する。

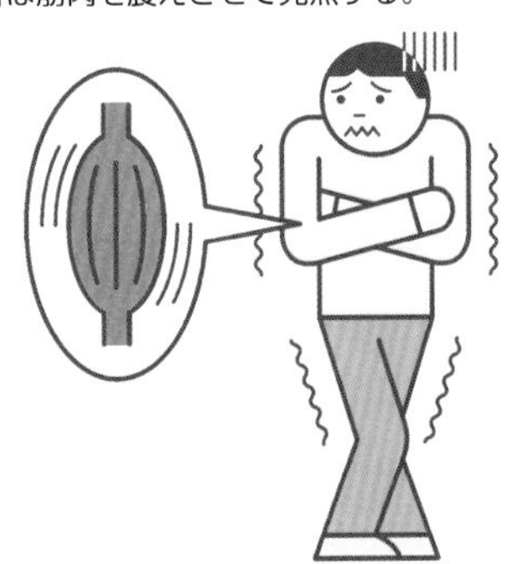

なぜヒトは睡眠をとらないといけない？

なるほど！

脳を休ませ、エネルギーを貯える時間。睡眠時間は年齢によって異なる！

私たちは、なぜ眠るのでしょうか？　起きているとき、私たちは外界の刺激を受けて、脳は活発に動いています。**睡眠は脳とカラダを休息させ、脳を整えている状態**。脳とカラダをすっきりさせ、疲労を回復させます。睡眠中に心身を整えているのです〔右図〕。

睡眠中、カラダは覚醒時に活動するエネルギーを貯えます。副交感神経がはたらくため、胃腸の活動を活発にして栄養吸収もうながします。記憶の整理も行います。例えば、新しく覚えた事柄を記憶として固定化したり、消したりすることも睡眠中に行われるのです。

日中の活動で脳に生じる老廃物を、睡眠中にグリア細胞（➡P145）が取り除く**グリンパティックシステム**があることもわかってきました。老廃物を排泄することで脳を回復させるのです。**睡眠がさまざまな病気のリスクを抑える**という研究も進められています。

また、**睡眠時間は年齢によって異なります**。一般的にヒトは年をとると睡眠時間は短く、眠りは浅くなります。高齢になると活動量が少なくなることや、メラトニンや成長ホルモンの分泌が減少することも影響するようです。そして**成長ホルモンにも関係**しています。「寝る子は育つ」の言葉通り、睡眠中に成長ホルモンがたくさん分泌されるため、子どもは成長をうながされるのです。

子どもは睡眠中に成長ホルモンで育つ

睡眠の役割

覚醒時に活動するエネルギーを貯え、脳を整えている。以下は睡眠のおもな役割を紹介。

カラダを休ませ整える

睡眠でカラダを休ませてエネルギー源の蓄積に役立てる。

脳を休める

睡眠中は、脳の活動で生じた老廃物を取り除くグリンパティックシステムがはたらく。

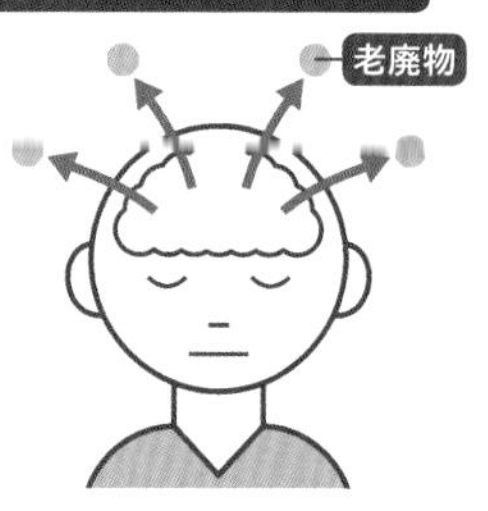

成長ホルモンの分泌

睡眠中に分泌される成長ホルモンは、子どもなら成長を促進し、成人なら傷んだカラダの修復も行う。

記憶を整理する

睡眠中に、新しい記憶を整理し、記憶の固定や消去を行っているといわれる。

栄養の吸収

睡眠中は胃腸の動きが活発になり、盛んに栄養分の吸収が行われる。

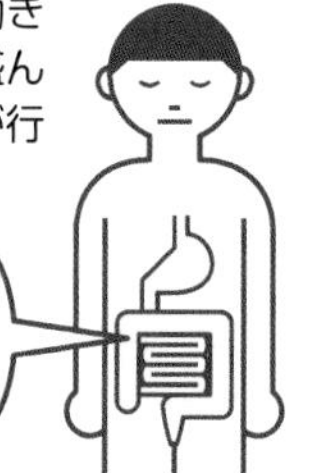

睡眠時間はなぜ異なる?

脳とカラダの疲労度が強いほど、睡眠時間が長くなる。ヒトも年を重ねると活動量が減り、年齢とともに睡眠時間が短くなる傾向がある。

10
［睡眠］

夢って何？「レム睡眠」と「ノンレム睡眠」

なるほど！

寝ているときに**脳は情報を整理。**
浅い眠りの**レム睡眠のときに夢を見る！**

眠っているときには、夢を見ます。楽しい夢、怖い夢、悲しい夢、いろいろあります。現実ではありえないような、空を飛ぶことができたり、幼いころの世界があらわれたりします。不思議な現象ですが、どうしてこのようにさまざまな夢を見るのでしょうか？

ヒトは、起きている間にいろいろなことを考え、学習や経験をします。そのとき、脳は一生懸命はたらいて、記憶や情報を取り込んでいます。夜、眠ると、脳は昼の活動で得た記憶や情報などを整理して処理しようとします。そのとき、脳の活性化により**過去の情報やいろいろな記憶の断片がつなぎあわさったり、想像したりしている**と考えられています。このため、現実ではありえないような映像を見るのではないかとみられています。

眠りには、深い眠りのノンレム睡眠と、浅い眠りのレム睡眠があります〔右図〕。夢は、レム睡眠のときに見ます。

ノンレム睡眠は疲れた脳を休める眠りで、カラダは寝返りをうったりして動きますが、眼球は動きません。レム睡眠は、脳ははたらいていて記憶の整理などをしますが、カラダは休んでいます。まぶたの下で眼球がよく動きます。**ノンレム睡眠とレム睡眠は、寝ている間90分間くらいの間隔で交互におとずれます**。

夢を見て、脳を整理する

レム睡眠とノンレム睡眠

睡眠は深い眠りのノンレム睡眠と浅い眠りのレム睡眠があり、約90分の間隔で交互におとずれる。

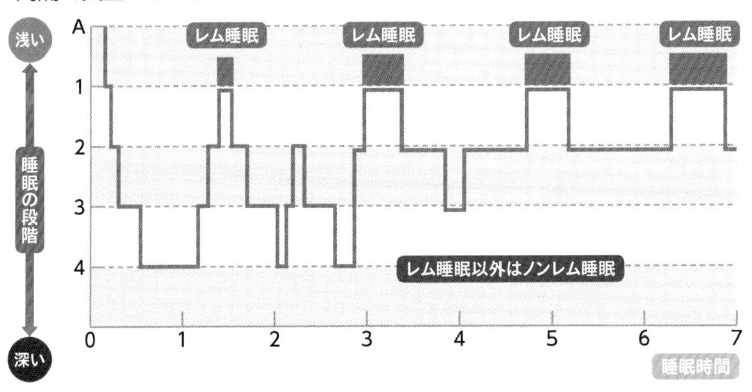

レム睡眠

浅く短い眠り。疲れたカラダを休める眠りで、脳は活動している。

ノンレム睡眠

長く深い眠り。疲れた脳を休める眠りで、寝返りをうつなどカラダが動く。

夢は覚えていられる？

あまり夢を見ないヒトは、実は夢を見ていないわけではなく、目覚めの前に深い眠りのノンレム睡眠が訪れるタイプ。そのため、レム睡眠のときに見た夢を覚えていない。反対に夢を覚えているヒトは、目覚めの前にレム睡眠が訪れるタイプ。

夢を覚えていないタイプ

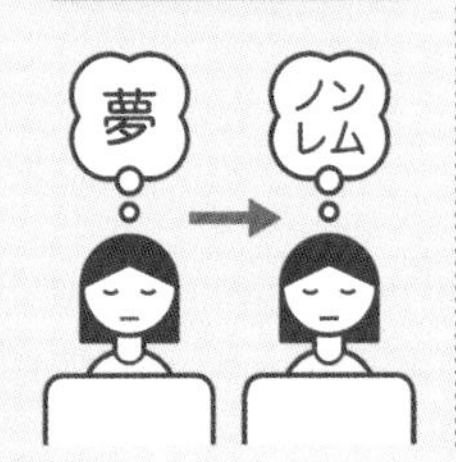

夢を覚えているタイプ

※グラフ出典：Dement and Kleitman（1957）

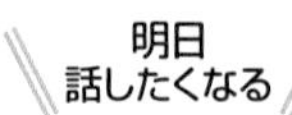

人体の話 1

ずっと寝ないとヒトはどうなる？

ランディ・ガードナーさんの断眠実験 〔図1〕

4日目

道路標識が人に見えるなど幻覚を見る。

9日目

文章が最後まで話せなくなる。

11日目

注意力、精神的能力が低下、無表情に。

眠らないで何時間起きていられるか？　という**「断眠実験」**は、過去いろいろな研究所や大学などで行われてきました。被験者が眠らないように立会人をつけ、立会人が話し相手になったり見張り番になったりして、被験者が眠らないようにするのです。

1964年アメリカの17歳の高校生ランディ・ガードナーさんが、264時間12分の記録をつくりました。**11日間眠らなかった記録**です。その後、2007年にイギリスのトニー・ライトさんが、インターネットでライブ配信をしながら**266時間という記録**をつくりました。

この断眠実験のあと、ランディさんは14時間40分、トニーさんは5時間30分の睡眠をとり、カラダが回復したということです。眠らなかった時間の割には、短時間の睡眠で元に戻るようです。

※断眠実験は危険です。不眠の記録は、ギネス世界記録にならないのもそのためです。

半球睡眠とは?〔図2〕

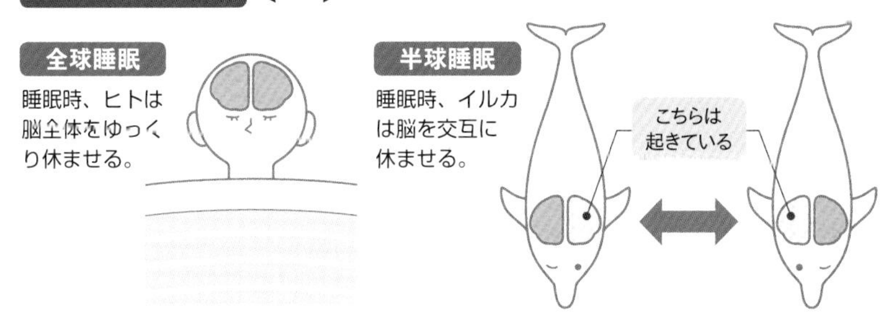

断眠実験の間の様子はどうだったのでしょうか？　高校生のランディ・ガードナーさんを例に見てみましょう。

断眠２日目に目の焦点を合わせるのが難しくなり、４日目に幻覚と記憶障害がはじまりました。６日目に会話が遅くなり、７～８日目にろれつがおかしくなり、記憶喪失も増加。11日目には無表情で反応にとぼしく、注意力も精神的な能力も低下したといいます〔図1〕。**不眠は脳に障害を与え、カラダに有害**ということです。

ちなみに、**生き物の中には、眠っていないように見える生き物がいます**。例えばイルカは、子育て中は１か月ほどずっと泳ぎ続けるといわれます。イルカは哺乳類なので、完全に眠ったらおぼれてしまいます。そのため、イルカは泳ぎながら眠る**「半球睡眠」**という特殊な睡眠法を身につけています。

脳は左右に分かれていますが、半球睡眠ではこの左右の脳を交互に休めるのです。**イルカが片目だけ閉じて浮かんでいるときは、半球睡眠をとっている**ときだといわれています〔図2〕。

生き物は、なんらかの方法で睡眠をとらねば生きてはいけないようです。例えば、脳のないクラゲでも眠るなど、睡眠にはまだ謎の部分も多くあります。

11 ［脳］ あくびって何？ なぜ眠いと出てくる？

なるほど！ **脳を覚醒させる効果**があるが、発生の**原因**は実は**よくわかっていない**！

眠くなったときや、たいくつなとき、疲れたときなどに、たまに「あくび」が出ますよね。どういうしくみなのでしょうか？

あくびは、無意識の呼吸運動です。あくびをすると、一時的に頭がすっきりします。**あくびには意識をはっきりさせる効果**があること、そして同時にカラダが伸びることもすっきりの一因です。また、あくびでは大きく口を開けて息を吸いこみます。口を大きく開けると、あごの咬筋（こうきん）（かむ筋肉）が大きく動き、この動きの刺激が、大脳を覚醒させると考えられています〔図1〕。

あくびの指令は、脳の視床下部（ししょうかぶ）にある室傍核（しつぼうかく）というところから出ているといわれています。動物実験では、ここに刺激を与えるとあくびが誘発されることがわかっています。ただ実は、あくびが出る原因は、科学的にもまだはっきりとわかっていないのです。

あくびで息を吸いこむことで新しい酸素を取り入れて、脳を目覚めさせるという説があります。また、あくびは覚醒から睡眠、睡眠から覚醒と、脳のフェーズを変える作用があるともいわれています。最近では、あくびで吸いこんだ空気でのどの血管を冷やし、**脳に冷たい血液を送ることで、脳の温度上昇を抑えるためという説**もあります〔図2〕。

あくびは一時的に脳を覚醒させる

あくびの反応〔図1〕

あくびをすると、一時的に脳が覚醒するなど、カラダにさまざまな反応があらわれる。

大脳が覚醒する

顔の筋肉を動かす刺激が、大脳を覚醒させる。

涙が出る

顔の筋肉が涙腺を刺激して、たまっていた涙が出る。

カラダが伸びをする

あくびと同時に、体幹や手足が伸びて、ストレッチ効果に。

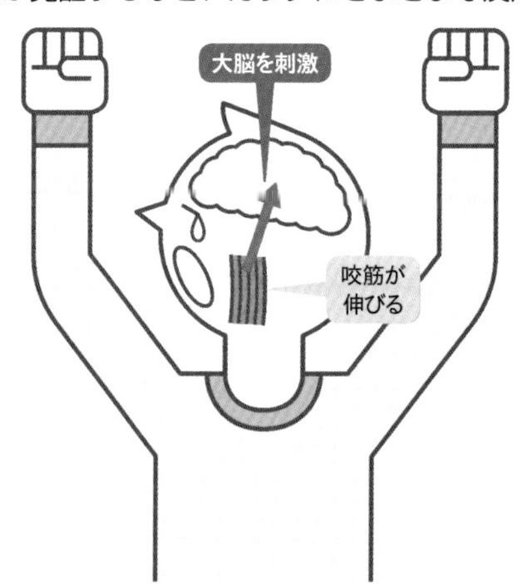

あくびの原因は諸説ある〔図2〕

あくびが出る原因は、まだはっきりしていない。

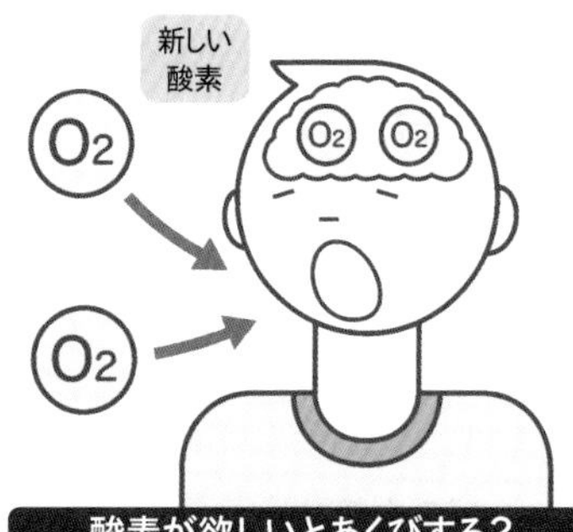

酸素が欲しいとあくびする？

新しい酸素を脳に送って脳を覚醒させる説。ただ、あくびでは酸素不足は回復できないという研究結果もある。

脳を冷やすためのあくび？

あくびで吸い込んだ空気が、脳を冷やすという説。脳を効率よく動かすには低い温度がよいという。

12

［酔い］

酒に「酔う」ってどういうしくみ?

「酔う」とは、**血液中のアルコール**が**脳機能を変化**させてしまうこと!

お酒を飲んで「酔っぱらう」とは、どういうことなのでしょうか?

アルコールは体内に入ると、胃と小腸から吸収されて血液に溶け込み、全身に送られます。このとき、**脳に送られたアルコールによる脳機能の変化を「酔い」**といいます〔右図〕。

血中のアルコール濃度によって、脳に影響する範囲は異なります。濃度が低いうちは脳の理性を司る部分の機能が低下する程度で、陽気な気分になる程度で済みますが、**酔いが進むと運動機能を司る部分の機能が低下**して、千鳥足になったりします。記憶を司る機能が低下して、記憶ができなくなる状態になることも。アルコールで脳機能が過剰に抑制されると、呼吸や循環の状態が悪化する急性アルコール中毒になります。

血液中のアルコールは、肝臓で処理されます。アルコールは酵素の力で**アセトアルデヒド**という毒性の強い物質になり、さらに酢酸に分解されます。酢酸は脂肪組織や筋肉で水と二酸化炭素に分解され、体外に排出されます。

アルコールの分解能力は個人差があります。分解が速い人は**活性型**のアセトアルデヒド脱水素酵素を多くもち、低活性型の人はアルコールに弱い人、**非活性型**の人はアルコールが全然飲めない人です。

アルコールは水と二酸化炭素に分解される

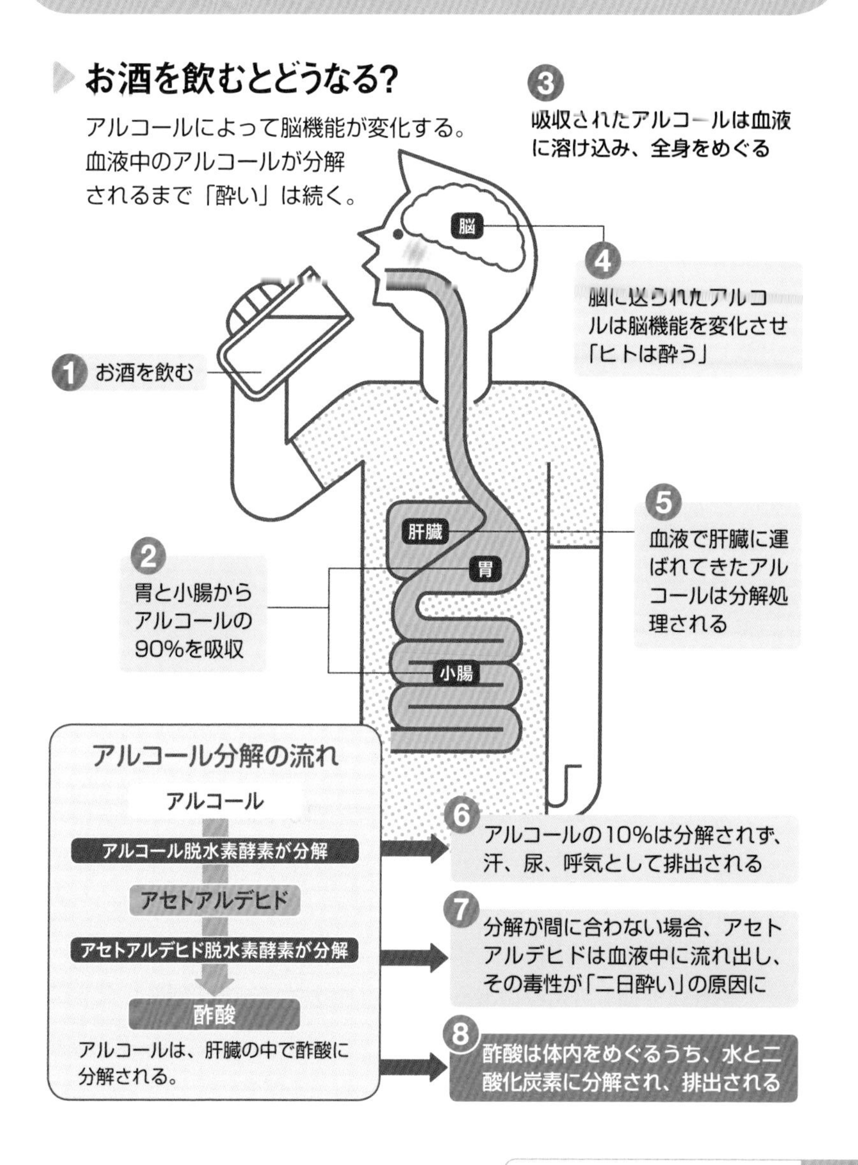

13 [血液]

血液型って何？型によって何が違う？

赤血球の抗原と血しょうの抗体のあるなしの違い。混ざると固まる組み合わせに注意！

血液型はどんな基準で分けられているのでしょうか？　よく知られているのは**ABO式**で、A、B、O、ABの４種に分けられます〔図1〕。ほかに、**Rh式**（＋、－）、**MN式**（M、N、MN）などがあります。ちなみに、血液型には20種類以上の分類法があります。

ABO式は、赤血球表面にある「抗原」と、血しょう中にある「抗体」の種類によって分けています。例えばA型の血液にはA抗原と抗B抗体が含まれ、B型の血液にはB抗原と抗A抗体が含まれています。もしA型の血液がB型の血液に入ると、B型の血しょう中の抗A抗体と、A型の赤血球のA抗原が反応するため、血液は固まってしまいます〔図2〕。そのため、**A型とB型とで輸血しあうことはできない**のです。輸血は、同じ血液型同士で行うことが大原則です。

血液型を調べる検査は、この抗体と抗原の反応で調べます。赤血球表面のA抗原、B抗原を調べるオモテ検査と、血しょう中にある抗A抗体、抗B抗体を調べるウラ検査を行い、オモテ検査とウラ検査の結果が一致したとき、血液型の判定を行います。

Rh式では、D抗原のあるなしで分けます。あるのが＋、ないのが－です。＋－同士で輸血すると、やはり血が固まってしまうので要注意です。

血が固まるのは抗原抗体反応が原因

ABO式血液型の違い〔図1〕

赤血球表面の抗原と血しょう中の抗体の種類で、血液型は分けられる。

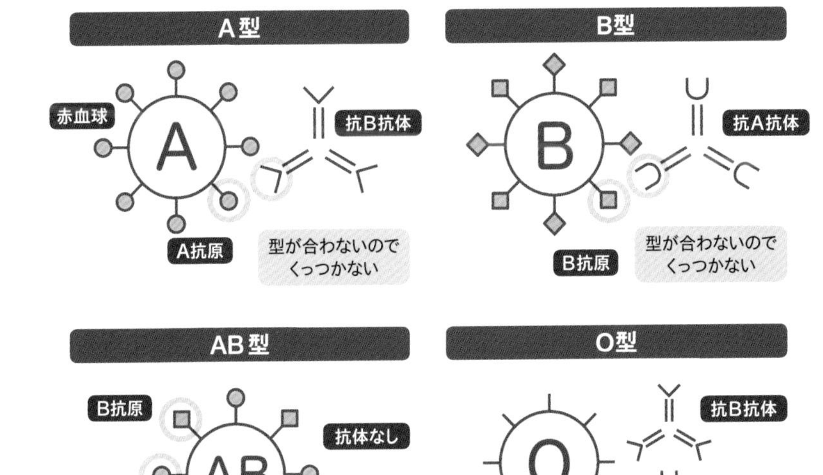

B型の血液にA型の血液を混ぜると?〔図2〕

B型赤血球のB抗原と、A型の血しょう中の抗B抗体が反応すると、血が固まる。

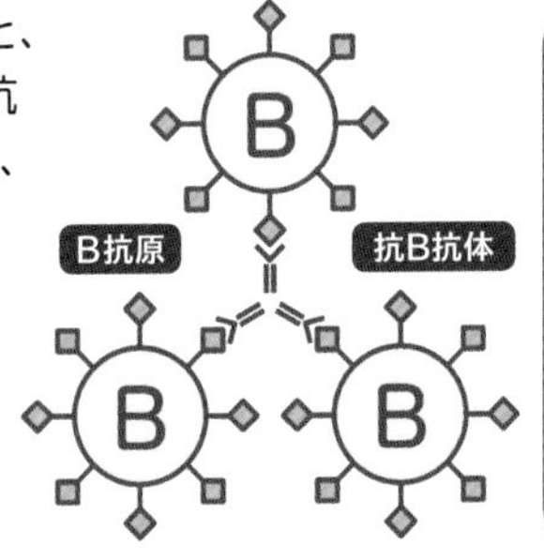

抗B抗体にB抗原をもつ赤血球がくっつくと、抗原抗体反応を起こしてしまう。

抗原、抗体とは?

抗原とは、体内で抗体をつくらせる原因となる物質。抗体とは、抗原の侵入に対応してつくられるたんぱく質。抗原と抗体が結合して起こる反応は、免疫反応の一種でもある。

14 [目] どうして涙はこぼれるのか？

なるほど！ 涙の役割はさまざま。**目のうるおいを保ち、目を守り、感情も表現する！**

涙の役割はさまざまです〔図1〕。**涙は、上まぶたの内側にある涙腺（るいせん）という器官でつくられます**。実は、涙腺からは常に涙が出ていて、その量は1日平均2～3ミリリットルくらい。これは**「基礎分泌の涙」**といわれ、目が乾かないように、うるおいを保つ役目をもっています。

また、目にゴミやアレルギーを引き起こす異物が入ったときにも、涙が出ます。これは**「反射的な涙」**といわれ、目を守り清潔に保つはたらきをもっています。

悲しかったりうれしかったり、共感したりしたときも涙が出ます。涙腺は、三叉（さんさ）神経と自律神経（➡P156）にコントロールされています。そのため、感情が高ぶったときに涙が出ると考えられていますが、その機能は個人差もあって非常に複雑で、はっきりとは解明されていません。この涙は**「感情的な涙」**とよばれ、ヒト同士の細やかなコミュニケーションに役に立っています。

基礎分泌の涙は、目頭にある小さな点（涙点）から涙小管（るいしょうかん）という管に入ります。そして涙のうから鼻涙管（びるいかん）を通り、鼻の奥へと流れていきます。**涙が大量に出たときに、目から涙がこぼれるだけでなく鼻水が出るのは、涙が鼻涙管へも流れこむため**です〔図2〕。

涙の量が多いと鼻水になって流れ出す

涙の種類〔図1〕

基礎分泌の涙

涙腺から常に涙が出ていて、目が乾かないようになっている。

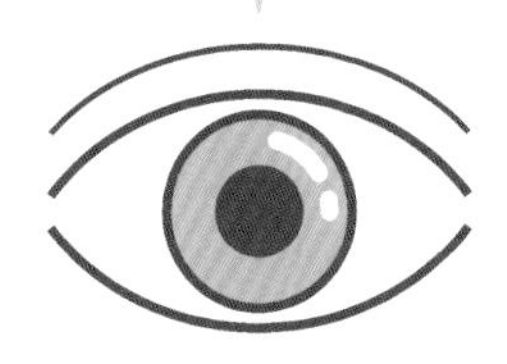

反射的な涙

目に異物が入ったとき、涙が出て外に洗い流す。

感情的な涙

感情が高ぶったとき、三叉神経などの刺激によって涙が出る。

涙は目と鼻へ流れる〔図2〕

目が乾かないよう、常に涙腺からは涙が出ている。目に異物などが入ると涙の量は増えて、たくさんの涙が目と鼻に流れ出す。

涙点

涙はこの小さな穴から涙小管を通り、鼻涙管へ流れていく。

涙腺

涙の分泌器官。1日に出る涙の量は、約2～3ミリリットルといわれる。

鼻涙管

涙を目から鼻に流す管。そのため、たくさんの涙が流れると鼻水が出る。

15 ［目］ ヒトによって目の色が違っているのはなぜ？

瞳孔の周囲にある**虹彩**のメラニン色素の違いで、目の色は異なる！

　黒、青、茶色…など、目の色はヒトそれぞれ違っています。どうして同じヒトでも、目の色が異なるのでしょうか？

　目の色は虹彩の色です。瞳孔の開き具合を調節する平滑筋で構成され、瞳に入る光の量を調節します。表面にはメラニン色素を含む色素細胞があみ目をつくって散らばっています。このメラニン色素の量、濃さや分布などの違いにより、目の色が違って見えるのです。

　例えば、この色素の量が多いと虹彩は黒っぽく見えますが、それより少ないと茶色っぽく見えます〔右図〕。

　虹彩の色素細胞のあみ目がつくり出す模様は、そのヒト固有のものです。子どもがどんな瞳の色になるかは、遺伝によって決まりますが、虹彩の模様は、母親の胎内にいたときにランダムに決定されるため、一卵性双生児でも異なります。

　このように、虹彩がつくり出すあみ目のパターンは、個人によって指紋のように異なっています。指紋は加齢とともにすり減ることがありますが、虹彩はまぶたや角膜に保護されているので、生涯にわたってほとんど変わりません。そのため、虹彩は生体認証に用いられます（**虹彩認識**）。実際に、一部空港の入国審査での本人確認などで用いられています。

虹彩は生体認証に用いられる

目の色は虹彩で決まる

目の色は虹彩の色であり、ヒトによってそれぞれ異なる。

虹彩の模様

あみ目状に色素細胞が広がっており、あみ目のパターンはそのヒト固有のもの。虹彩の模様は生体認証にも使われる。

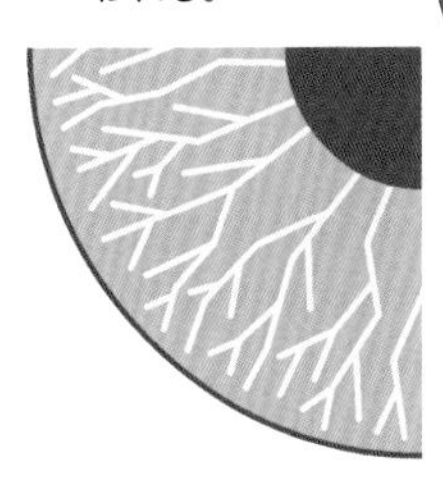

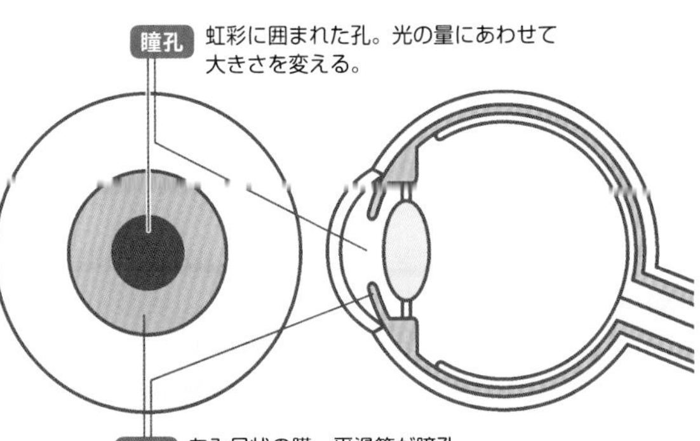

メラニン色素の違いで色が変化

虹彩の表面に、あみ目状に広がる色素細胞に含まれるメラニン色素の量、濃さ、分布などで目の色は変化する。

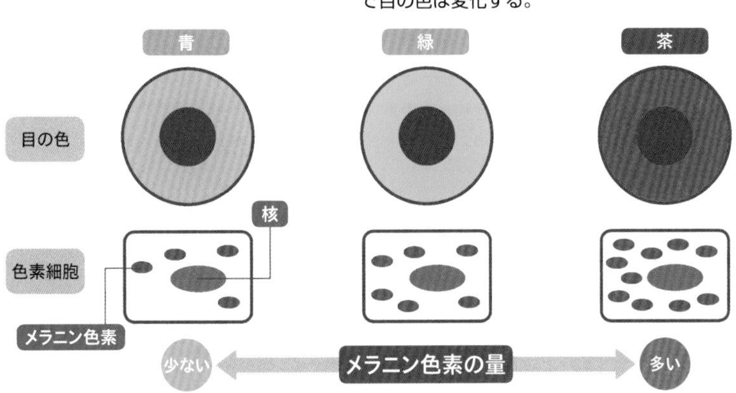

拳銃の弾は見てからよけられる？

拳銃を構えた人が10メートル先に立っているとします。ヒトは、飛んでくる拳銃の弾丸を、見てからよけられるでしょうか？

弾丸の初速は種類により秒速250〜500メートルとまちまちですが、**秒速250メートルの弾丸**が飛んでくるとします。**10メートルの弾丸が到達する時間は、0.04秒（40ミリ秒）**です。

ヒトがある刺激を受けて、行動による反応が生じるまでの時間を**「反応時間」**といいます。提示された光や音に対してできるだけ早くボタンを押すという実験では、**ヒトの反応時間は0.15〜0.3秒**という結果が出ています。これでは、全然間に合いませんよね。

さらに、弾丸をよける動作はボタンを押す動作より複雑です。判断や動作が複雑になればなるほど、反応時間は変わります。例えば、自動車を運転していたら猫が飛び出してきたとします。飛び出した

反応時間とは？〔図1〕

ヒトが刺激に対して、行動による反応が生じるまでの時間。複雑な動き（例：1〜3の反応時間）なら、0.75秒はかかってしまう。

猫の視覚情報が脳に伝わり、「急ブレーキ！」と脳は判断。その指令が運動神経を介して足に伝わり、ブレーキを踏み込む…。この反応時間に約0.75秒はかかるとされます〔図1〕。個人差はありますが人体の構造上、これ以上すばやく動くことはできないといってよいでしょう。**ヒトの能力では、映画のように見てから弾丸は絶対よけられない**のです。

しかし、脳と神経がつくるネットワークの代わりに、機械の力を使えば、反応時間の短縮は可能です。カメラとEMS（筋電気刺激）という装置をカラダに装着し、**脳が出す指令を機械に代行させる**ことで、反応時間を短縮するしくみを開発した研究者もいるのです。

ヒトにレーダーをつけて、飛んでくる弾丸を察知できたら電気刺激などで筋肉を直接動かして自分の体勢を崩し、弾丸をかわすというしくみはどうでしょうか〔図2〕。電気刺激なら数十ミリ秒で筋肉を収縮させられます。弾丸を完全によけることはできませんが、急所を外すことぐらいはできるかもしれません。こういう技術は**「人間拡張（Human Augmentation）」**と呼ばれます。

弾丸をよける機械のシミュレーション〔図2〕

1 レーダーで、自分に向かってくる弾丸を察知。

2 危険を察知したら筋肉を刺激して体勢を崩し、狙いをそらす。

16 ［感覚］「痛い！」「熱い！」ってどうして感じるの？

カラダには「**触覚**」以外にも
「**痛覚**」「**温覚**」「**冷覚**」「**圧覚**」などがある！

「痛い」「熱い」など感覚はどのように感じているのでしょうか？

五感のうちの「触覚」は、皮膚で感じます。ただし、モノに触れたという感覚の「触覚」以外に、痛みの感覚「痛覚」、暖かさや熱さの感覚である「温覚」、涼しさや冷たさの感覚「冷覚」、何かに押された感覚の「圧覚」があります。**それぞれの刺激が、その感覚に応じた受容器（感覚点）で受け取られる**のです。

受容器は触点（圧点）、痛点、温点、冷点の４種類があり、全身の皮膚上に分布しています〔図1〕。

受容器のうち４割以上はマイスナー小体が占め、触覚を受け取るはたらきをします。自由神経終末は痛覚、温覚、冷覚、パチニ小体は圧覚と触覚（振動）、クラウゼ小体は冷覚と圧覚と触覚、メルケル盤は触覚と圧覚、ルフィニ終末は触覚を感じ取ります※。

なかでも痛覚は、カラダが危険な状態であることを知らせる、重要な感覚といえます。切られる、瞬間的に圧迫される、といった強い刺激は、鋭い痛みとして神経を通って脳に伝えられます。非常に高い温度、低い温度も、痛みとして感じられます。

ちなみに、指先や口のまわりなどがより敏感に痛みや熱さ・冷たさを感じるのは、受容器の密度が高くなっているためです〔図2〕。

※温度と触覚の受容体を発見した科学者に、2021年ノーベル生理学・医学賞が贈られました。

受容器ごとに感じる痛みがある

受容器のしくみ〔図1〕

皮膚への刺激を、皮膚の受容器（センサー）がとらえ、神経を通じて脳に送られる。

感覚	密度	説明
触覚	25個／cm²	モノに触れた感覚は、マイスナー小体などで感じ取る。
温覚	0～3個／cm²	45℃までの熱さの感覚は、自由神経終末で感じ取る。
冷覚	6～23個／cm²	10℃までの冷たさの感覚は自由神経終末などで感じ取る。
圧覚	25個／cm²	皮膚を押した感覚は、パチニ小体などで感じ取る。
痛覚	100～200個／cm²	痛みの感覚は、自由神経終末で感じ取る。

（10～45℃以外の温度は痛覚で感じ取る）

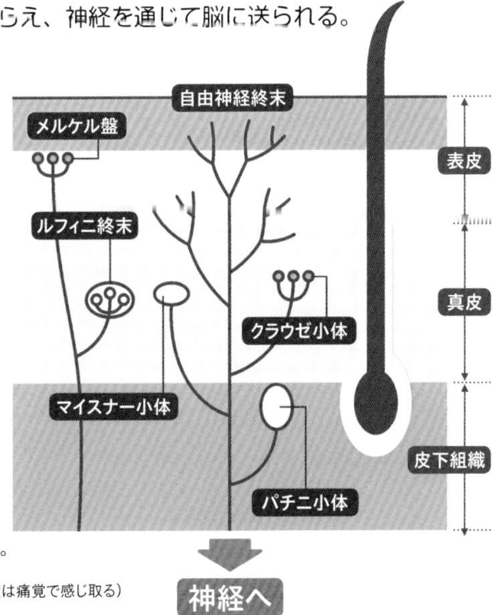

カラダの部位による敏感さの違い〔図2〕

４種類の感覚は、皮膚の上にある受容体から生じる。受容器の数も分布もカラダの部位で異なり、受容器が多い部位ほど感覚は敏感である。

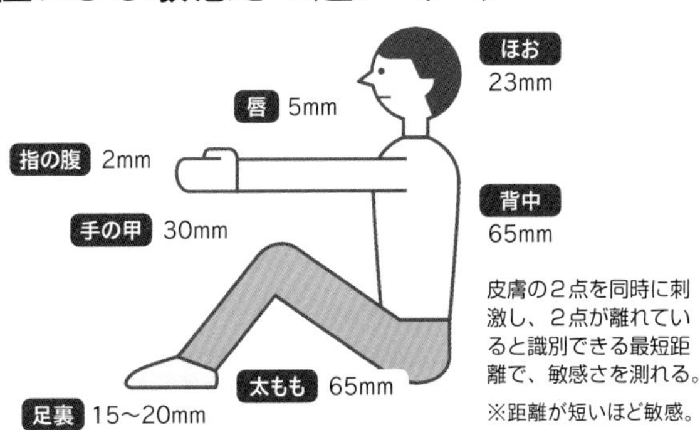

皮膚の２点を同時に刺激し、２点が離れていると識別できる最短距離で、敏感さを測れる。

※距離が短いほど敏感。

17 ［毛髪］ 毛はどうして伸びるのか？

毛根の最下部で**細胞分裂**して、
毛球の**寿命まで2～6年成長**を続ける！

髪の毛は、**「ケラチン」というたんぱく質**でできています。この「毛」は、どんなしくみで生えてくるのでしょうか？

皮膚に埋まっている部分の毛を毛根、皮膚から出ている部分を毛幹といいます。毛根の一番下を毛球（毛母基（もうぼき））といい、ここで細胞分裂が行われ、毛は成長していきます。このとき、色素細胞が毛に入り込み毛髪の色をつくります。

ヒトの髪の毛は約１０万本あります。個人差がありますが、髪の**毛は１か月に１０～２０ミリ成長し、毛球の寿命は２～６年**といわれています。この期間、髪の毛は伸び続け（成長期）、寿命が来ると成長は止まります（退行期）。成長の止まった髪の毛は、徐々に皮膚の上へと押し上げられ（休止期）、やがて抜け落ちます。髪の毛が生え変わる周期を毛周期といい、髪の毛１本が誕生してから抜けるまでは、約３～６年といわれています〔右図〕。

毛をつくる細胞は毛母細胞と呼びます。**毛周期ごとに幹細胞から毛母細胞は分裂し、毛は新しく生え変わる**のです。しかし、加齢とともに幹細胞は分裂を止め、毛髪が減ります。色素細胞が減ると白髪になります。加齢によって毛は薄くなっていきますが、最近は肥満と脱毛の関連など、研究が進んでいます。

髪の毛は成長と脱毛を繰り返す

髪の毛のサイクル

髪の毛が生え変わる周期を毛周期という。成長期、退行期、休止期のサイクルを繰り返す。

1 成長期

毛母細胞が分裂し、髪の毛が伸びる。

2〜6年

2 退行期

毛球と毛乳頭が退化。バルジから幹細胞が発生する。

3週間

3 休止期

毛の成長が止まって、脱毛を待つ状態に入る。

約2〜3か月間

4 成長期初期

毛が表面にあがって脱毛。一方で新しい毛が生まれ始める。

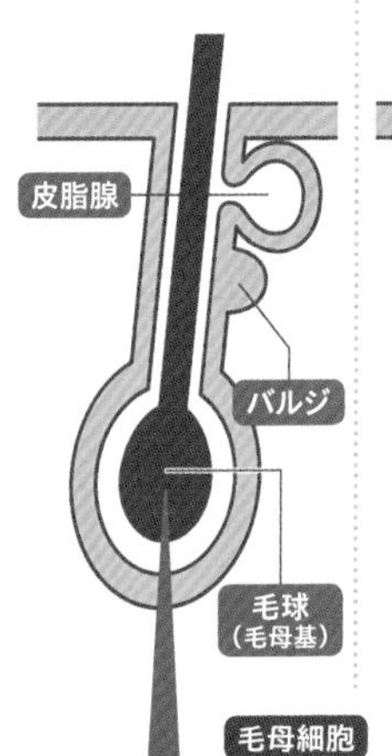

毛細血管から毛に栄養が与えられる。

毛乳頭

幹細胞　毛母細胞、色素細胞のもととなる細胞。

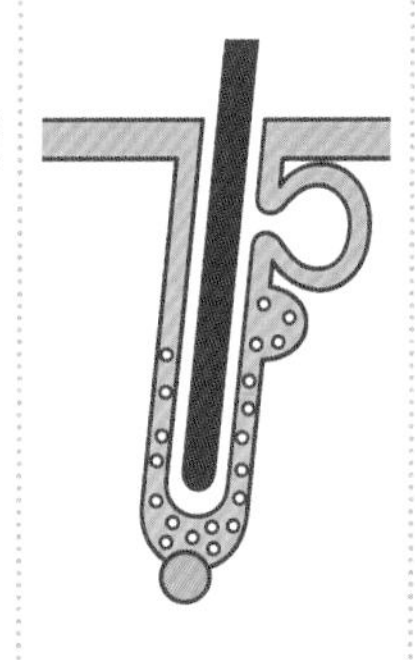

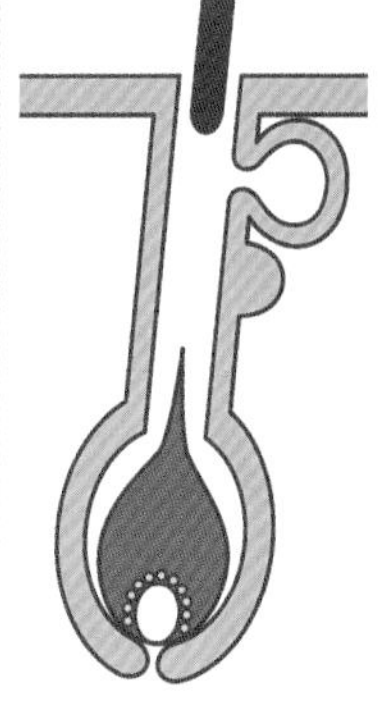

幹細胞が分化して毛母細胞などが生まれ、毛球が再生。

18 ［ストレス］「ストレス」って何？どうして感じるの？

外部からの刺激の負荷がストレスになる。
ヒトはストレスを乗り越えることで鍛えられる！

ストレスとは、苦痛や苦悩を意味する英語「distress（ディストレス）」に由来するといわれます。いったい「ストレス」とは何でしょうか？

ストレスとは、外界から体に与える「負荷」全般を指します〔図1〕。熱さや寒さ、騒音による物理的ストレス、薬物や大気中の有害物質による化学的ストレス、ウイルスや細菌による生物的ストレス、仕事や人間関係による心理的ストレスなどに分けられます。なかでも、**特に近年多いとされているのが、心理的ストレス**です。

適切なストレスはホルミシス効果（少量ならストレスがカラダによいはたらきをする効果）もあり、有利にはたらきます。例えば、スピーチで人前に出て、緊張からストレスを受けると、ホルモンが分泌される一方で、交感神経が活発になり心拍数が増えます。スピーチに慣れてくると、副交感神経が優位になって、気持ちが落ち着きます。**私たちは適切なストレスによって、自律神経などのはたらきを鍛えて、乗り越えて暮らしている**のです〔図2〕。

しかし、ストレスがカラダが適応できる範囲を超えて長期化すると、交感神経と副交感神経のバランスがくずれ、体調が悪くなります。**ストレスは適切な量や種類なら有用ですが、過剰になると有害**になるのです。

ストレスが自律神経とホルモン分泌を刺激

いろいろなストレスの原因〔図1〕

ストレスを感じるさまざまな原因は、次の５つに分けられる。

物理的ストレス
外部からの直接的な刺激。
- 温度
- 光
- 騒音
- 振動　など

化学的ストレス
化学物質による刺激。
- タバコ
- アルコール
- 大気汚染　など

心理的ストレス
気持ちに起因する刺激。
- 不安
- 怒り
- 悲しみ
- 喜び　など

生物的ストレス
感染症がもたらす刺激。
- 細菌
- ウイルス
- 花粉症　など

社会的ストレス
社会生活に起因する刺激。
- 職場環境
- 家庭の問題　など

ストレス反応とは？〔図2〕

ホルモン分泌 ← **脳** → **自律神経**

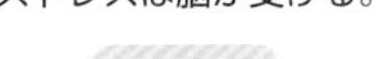

ストレスは脳が受ける。

βエンドルフィン
不安や緊張などを和らげるはたらき。通称、脳内麻薬。

コルチゾール
代謝活動や免疫を活性化し、カラダをストレスから守るはたらき。

交感神経がはたらき、血液中にアドレナリンを分泌。

アドレナリンにより、血圧が上昇、心拍数が増加、食欲がなくなる。

副交感神経が活発になり、心とカラダが落ち着く

19 ［睡眠］ なぜヒトは眠たくなる？

「恒常性維持作用」「体内時計」「覚醒状態の維持」のしくみが睡眠に関わっている！

私たちは、なぜ同じくらいの時間に眠たくなるのでしょうか？

眠気を引き起こすのは、カラダの状態を整える**「恒常性維持作用」**、**「体内時計」**と**「覚醒状態の維持」**が関わっています〔図1〕。

恒常性維持作用は、起きているとだんだん眠気が蓄積していくしくみで、目覚めている時間が長くなるほど脳に疲労物質が貯まり、眠くなります。

体内時計は、脳の視交叉上核（しこうさじょうかく）から出される約24時間周期のリズム信号で、1日の昼夜の変化にカラダを同調させるしくみ。体内時計のはたらきで、夜になるとカラダは休息モードに切り替わり、自然と眠たくなるのです。体内時計は、夜暗くなると分泌されるメラトニンというホルモンが関係しているといわれています。

また、脳内には覚醒をつくりだす神経細胞のしくみ**「覚醒システム」**と、睡眠をうながす神経細胞のしくみ**「睡眠システム」**があります。覚醒システムが弱まり、睡眠システムが優位になると眠くなるなど、その力関係によって状態が決まるのです〔図2〕。

覚醒と睡眠の切り替えには、オレキシンという神経伝達物質も関係します。オレキシンは**「覚醒維持作用」**に重要なホルモンです。脳にはたらきかけ、カラダを覚醒状態に維持するのです。

オレキシンが覚醒状態を安定させる

眠気を引き起こす2つのしくみ〔図1〕

疲れたから眠くなる「恒常性維持作用」と「体内時計の周期」が、眠気を引き起こす。体内時計にはメラトニンが関係していると考えられている。メラトニンは光によって分泌が抑えられ、昼に低く、夜に高くなる。

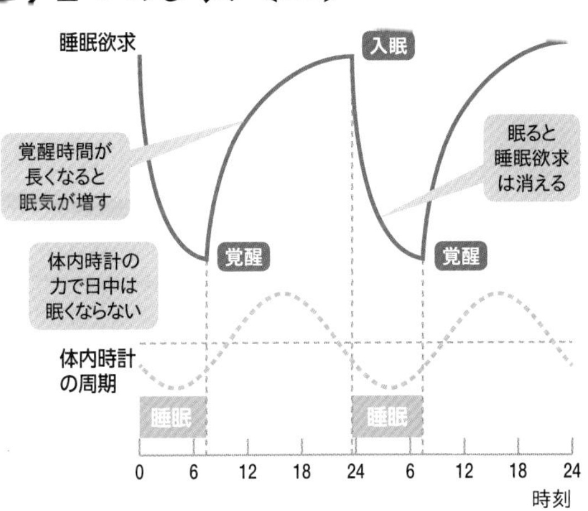

睡眠状態と覚醒状態〔図2〕

睡眠をうながすシステムと覚醒をうながすシステムはシーソーのような関係で互いを抑え合い、その切り替えにオレキシンが関係している※。

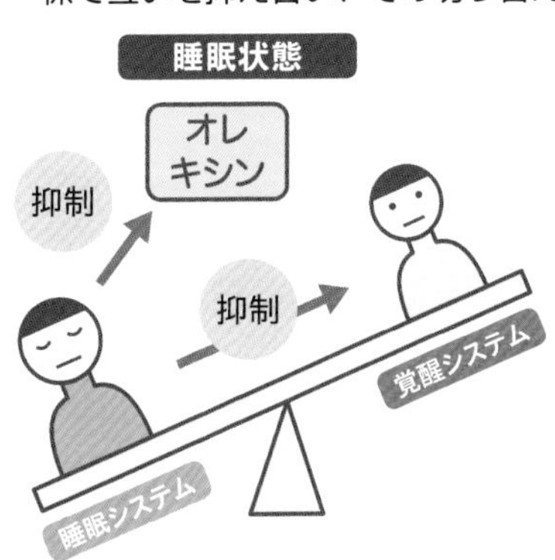

睡眠時は脳内の睡眠システムがはたらき、覚醒をうながすシステムを抑制する。

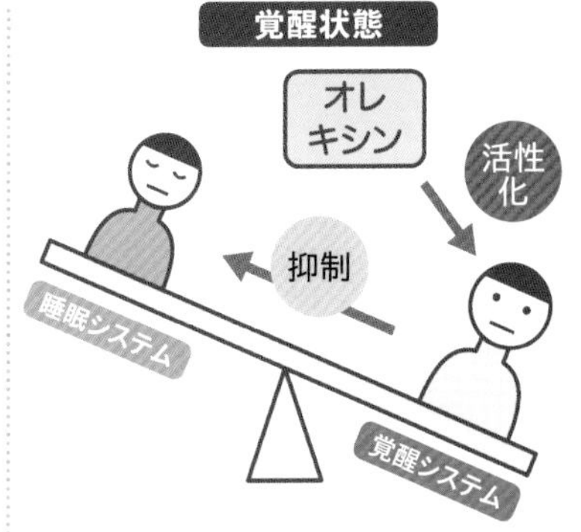

覚醒時は覚醒システムがはたらき、さらにオレキシンが覚醒を維持・安定化。

※オレキシンの研究は日本が先行している分野です。

20 ［免疫］「ワクチン」ってどんなしくみ？

なるほど！ あらかじめ**獲得免疫**をつくっておくことで、病原体を排除する**病気の予防法**！

病原体への感染を防ぐ**「ワクチン」**のしくみを見ていきましょう。

体内に病原体が侵入すると、自然免疫と獲得免疫のしくみで病原体と戦います（➡P18）。免疫を獲得し、抗体ができるまでに時間がかかるため、病原体の増殖が止められないと病気が悪化します。

ワクチンは、獲得免疫のしくみを用いた病気の予防法です。あらかじめ病原体を体内に覚えてもらうことで、免疫細胞をきたえておくのです〔図1〕。ワクチンで体内に抗体がつくられると、その情報が免疫細胞に記憶されます。次にワクチンと同じ種類の病原体が侵入したとき、すばやく排除できるのです。

現在、ワクチンにはいくつかの種類があります。

生ワクチンは、弱毒化したウイルスを体内に接種するものです。

不活化（ふかつか）**ワクチン**は、無毒化・弱毒化したウイルスを用います。病原体は不活化の処理をされるため、ワクチンとして人体に接種しても症状はあらわれないことがほとんどです。

遺伝子ワクチンは、遺伝子を打って体内で抗原たんぱく質をつくる技術です。**メッセンジャーRNA（mRNA）ワクチン**もその技術のひとつです〔図2〕。体外で抗原たんぱく質をつくって接種するものが、**組み換えたんぱくワクチン**と呼ばれるものです。

あらかじめ抗体をつくり病原体をすばやく排除

ワクチンのしくみ（不活性化ワクチンの例）〔図1〕

ある病原体から毒性を抜き、ワクチンとして体内に注入することで、あらかじめ免疫力をつくり、その病原体からカラダを守る。

1 ワクチンを打つ

毒性をなくした病原体でつくられたワクチンを接種し、あらかじめ体内に免疫力をつくる。

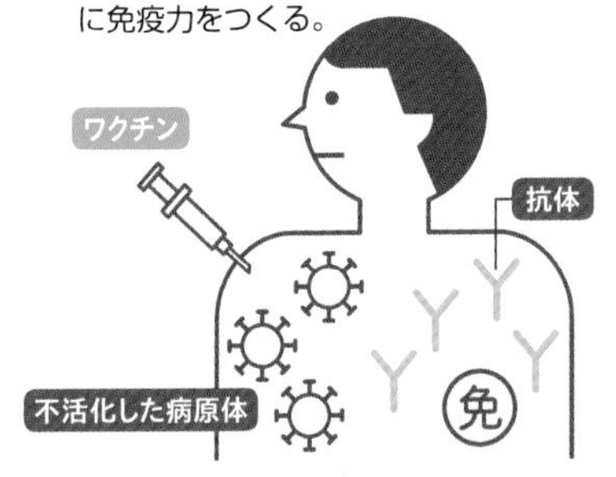

2 病原体に備える

ワクチンと同じ種類の病原体が侵入しても、すぐに抗体がつくれるため、すばやく病原体を排除。

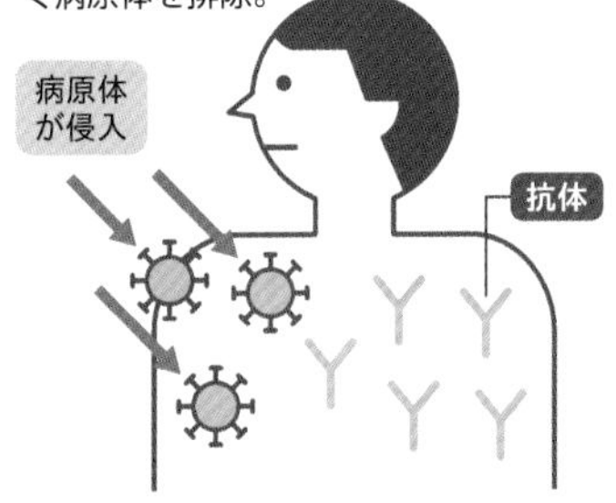

遺伝子ワクチンのしくみ〔図2〕

病原体の抗原たんぱく質を合成する遺伝子を特定し、mRNAの形などでその遺伝子を投与。体内で抗原たんぱく質だけがつくられ、抗体ができる。

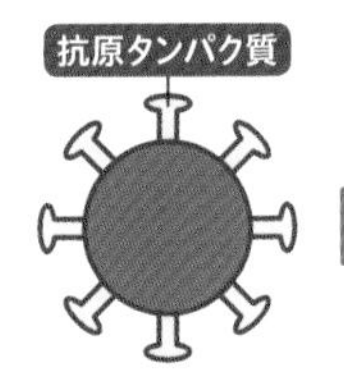

病原体の遺伝子から抗原たんぱく質を分析する。

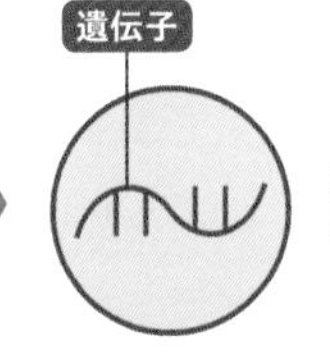

抗原たんぱく質の遺伝子情報をもった遺伝子を合成。

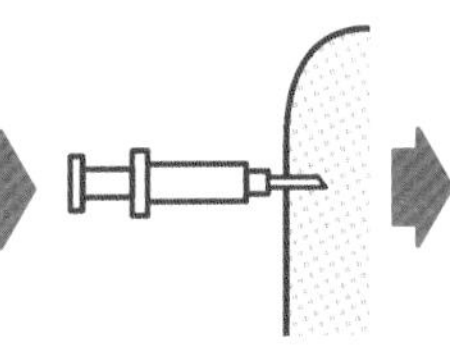

mRNAを体内に投与。

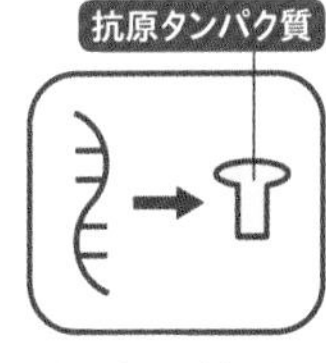

体細胞で遺伝子から抗原たんぱく質だけつくられる。

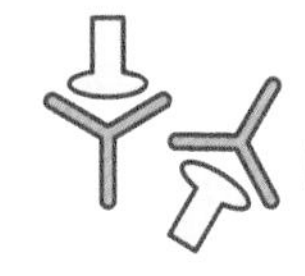

「火事場の馬鹿力」とは？

家が火事になったとき、普段からは考えられないほどの大きな力で重い物を持ち出すことを**「火事場の馬鹿力」**といいますが、本当にそんな力はあるのでしょうか？

私たちの筋肉は脳によって管理されています。例えば、コーヒーカップを持ち上げるのに腕の全筋肉の力は使いませんよね。逆に家具など重い物を持ち上げるときには、多くの筋力を使うように脳が指令を出すわけです。

このとき、家具が重たすぎて『もう無理！』と感じる限界は**「心理的限界」**です。実はこのときも、筋力をフルパワーでは使っていません。筋肉を極限まで使うと、組織や腱が切れ、骨が折れるなどカラダが壊れてしまうため、こういった**「生理的限界」**を超えないよう、脳がブレーキをかけるわけです。

緊急時以外も発揮できる?

その脳の抑制が外れて、生理的限界近くまで、無意識に力が出てしまうことを「火事場の馬鹿力」と呼びます〔下図〕。一般的に「心理的限界」は最大筋力（生理的限界）の60～70%、火事場の馬鹿力では、最大筋力の90%に達するとみられています。

それでは、火事のような切迫した状況以外でも、意識的に火事場の馬鹿力を出すことはできるのでしょうか？

シャウト（大声を出す）や**自分への応援**、そして**催眠**などによっても、脳の抑制を外すことができます。シャウトで約12%、催眠で27%も筋力が上がったという実験もあります。多くのスポーツ選手が試合中に大声で気合を入れているように、特に「シャウト効果」は、通常では出せない力を出す効果があります。つまり、**訓練によって、ある程度脳の抑制を外すことは可能**なのです。

ただし、生理的限界近くまで筋力を使うわけですから、ケガのリスクは上がります。火事場の馬鹿力は、イザというときのための力です。筋肉を鍛えるのは筋トレにしましょう。

心理的限界と生理的限界

普段は脳の抑制から持ち上がらない、家具などのとても重いものが…。

心理的限界

生理的限界＝火事場の馬鹿力

切迫した状況下では脳の抑制が外れ、筋肉の限界近くまで力が出て、持てるようになる！

21 ［基礎］

太るってなぜカラダに悪いの？

過度の肥満はさまざまな病気の素。
寿命を10年縮めるという研究も！

必要以上に体重がつくこと、特に脂肪細胞数の増加と脂肪のつき過ぎを**「肥満」**といいます。**肥満になるのは、食べ過ぎと運動不足がおもな原因**です。ヒトの活動エネルギーをつくるものの単位は**「カロリー」**です。ヒトは餓死しないように、もともと食べるカロリーが消費カロリーを上回るように食欲がコントロールされています。

食べ過ぎたり運動不足になったりして、食べたカロリーが上回り続けると、余ったカロリーは脂肪組織に変わり、カラダに貯えられるのです。体内に脂肪が貯まり、**内臓まわりの脂肪を「内臓脂肪」、皮膚の下の脂肪を「皮下脂肪」**と呼びます。

内臓脂肪が増えると、慢性炎症という、ゆっくりカラダをむしばむ炎症が起きます。血糖値を下げるホルモンのインスリンのはたらきが悪くなり、脂肪細胞からは有害なホルモンが分泌されます。これにより、高血圧、高脂血症、糖尿病が起こります。

また太り過ぎは、**心肺機能や骨や関節にかかる負担を増やします。腰痛やひざ痛、骨折も起こりやすくなる**など、ヒトにとって万病の素。肥満は寿命にも影響し、**重度の肥満の人は、約10年寿命が短くなる**との調査結果もあります。肥満はボディマス指数（BMI）によって判定され、日本ではBMI25以上のヒトを肥満と呼びます。

日本人の場合BMI25以上で肥満となる

肥満とは?

摂取カロリーが消費カロリーを上回ると、体内に脂肪が貯まり、太っていく。

消費カロリー < 摂取カロリー → 太る!

1日に必要なカロリーは?

1日に必要なエネルギーの目安は「基礎代謝量×身体活動レベル」で計算できる。これを超えて食べてしまうと太るリスクが生じる。

30〜49歳男性の場合	30〜49歳女性の場合
2,700kcal	2,050kcal

※身長や体重によっても違うので、あくまでも目安。

どうなったら肥満?

脂肪は、皮膚の下と内臓まわりにつく。日本ではBMIが25以上を肥満と呼ぶ。

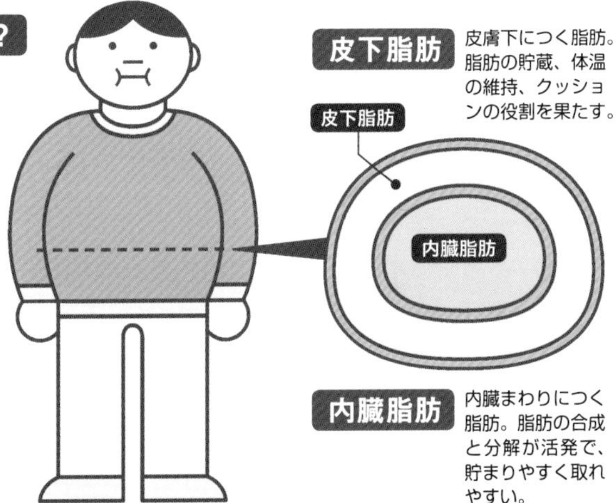

皮下脂肪 皮膚下につく脂肪。脂肪の貯蔵、体温の維持、クッションの役割を果たす。

内臓脂肪 内臓まわりにつく脂肪。脂肪の合成と分解が活発で、貯まりやすく取れやすい。

BMIとは?

肥満度を表す指標。計算方法は世界共通で、世界保健機構の基準では30以上、日本では25以上を肥満としている。

$$\text{BMI}\ (\text{kg/m}^2) = \frac{\text{体重 (kg)}}{\text{身長 (m)} \times \text{身長 (m)}}$$

※1日の必要カロリーは厚生労働省「日本人の食事摂取基準」をもとに作成。身体活動レベル「ふつう」（日常生活の内容が、座り仕事が中心で、職場での移動や通勤や買い物などの行動くらいの活動）で計算した。

22 ［骨］ なぜ途中で成長は止まるの？

なるほど！ 思春期を過ぎると**骨端線**が閉じて、**骨が成長しなくなる**ため！

生まれたての赤ちゃんの身長は約50センチ。ヒトはそこからぐんぐん成長しますが、なぜ途中で成長は止まるのでしょうか？

まずはヒトの成長のしくみを見ていきましょう。ヒトの身長は一定の速度で伸びていくものではなく、**成長時期は３段階に分かれます**。思春期になると、性ホルモンや成長ホルモンの作用により身長が加速的に伸び、ピークをすぎると成長速度はゆるやかになって身長の伸びは止まります〔図1〕。

身長が伸びるのは、骨が伸びるためです。成長期の、腕や脚などの長い骨の両端は、**骨端線**（成長軟骨という特別な軟骨の部分）があります。この軟骨が伸びて骨に置き換わることで、骨がどんどん伸びる＝身長が伸びていくのです。

思春期に多く分泌される成長ホルモンが骨端線の細胞のはたらきを活発化させ、骨をぐんぐん伸ばします。しかし思春期を過ぎると成長軟骨がなくなり、**骨端線が失われ、骨はそれ以上伸びなくなります**。こうなると、身長の伸びは止まるのです〔図2〕。

逆に、大人になると背は縮みます。原因はさまざまですが、背骨を形づくる**「椎間板」が加齢によって薄くなることが、身長が縮む原因のひとつ**に挙げられます。

ヒトの成長時期は3段階に分かれる

成長曲線とは?〔図1〕

ヒトの成長は、幼児期に大きく成長し(誕生時約50センチ→1歳で約75センチ)、さらに思春期に身長が急激に伸び(ピークは男子約10センチ/年、女子約8センチ/年)、思春期が終わると身長の伸びは止まる。

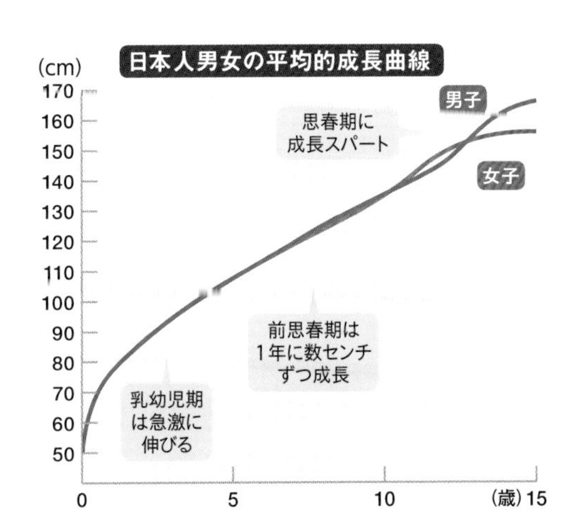

骨端線とは?〔図2〕

子どもの骨の両端は骨端線という成長軟骨があり、骨端線が伸びると骨は伸びていくが、骨端線が失われると骨の成長は止まる。

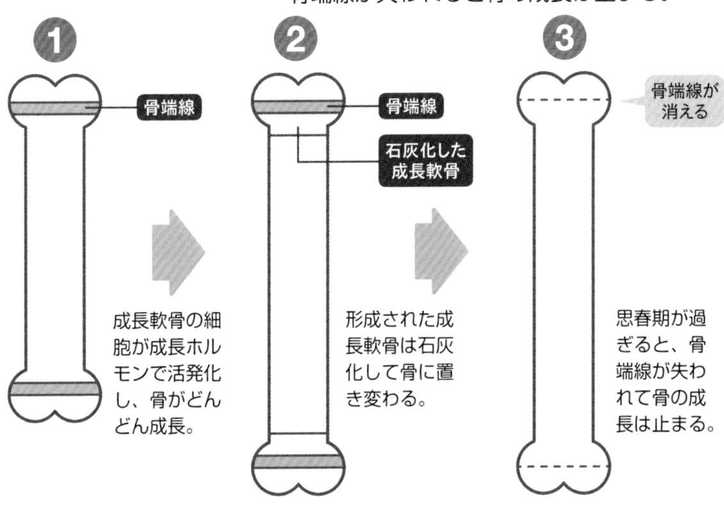

※グラフは「子どもの低身長を考える成長相談室」(https://ghw.pfizer.co.jp/smartp/grow/about.html) をもとに作図。

23 ［脳］ どうしてタバコはやめられない？

タバコによる「**快刺激**」から、
脳が**離脱できなくなる**ため！

どうしてもタバコを吸いたい…、毎日お酒を飲むのがやめられない…。なぜ、自分の意思でやめられなくなるのでしょうか？

ある行動をやめたくてもやめられない、ほどほどにできなくなることを**「依存症」**といいます。喫煙を例に、依存症のしくみを見てみましょう。

タバコを吸うと、肺から取り込まれたニコチンがすぐさま脳に届き、脳内に大量のドーパミンが分泌されます。ドーパミンは快楽に関係する神経伝達物質で、大量の分泌で強い快感が得られます。このとき、**「喫煙は快感」と脳が認識すると、快感というごほうびを得るための回路が脳内につくられます**。

喫煙を繰り返すと、ドーパミン分泌がニコチンに依存するようになります。この状態で喫煙を減らすと、**離脱症状（禁断症状）**という現象が起き、さまざまな不快な症状があらわれます。喫煙を再開すれば不快感は消えるため、どんどん喫煙がやめられなくなる…これが依存症のサイクルです〔右図〕。

依存症は、**脳やカラダが「快刺激を減らせない」悪循環になった状態**ともいえます。身体に強固な悪循環ができてしまうと、回復は難しくなります。依存症には気を付けましょう。

脳内に快楽を求める回路ができる

ニコチン依存症のしくみ

タバコを吸い続けると、タバコに含まれるニコチンが脳に作用し、タバコがやめられない「ニコチン依存症」という病気になる。

1 肺で吸収されたニコチンは血液を通じて脳に送られる。

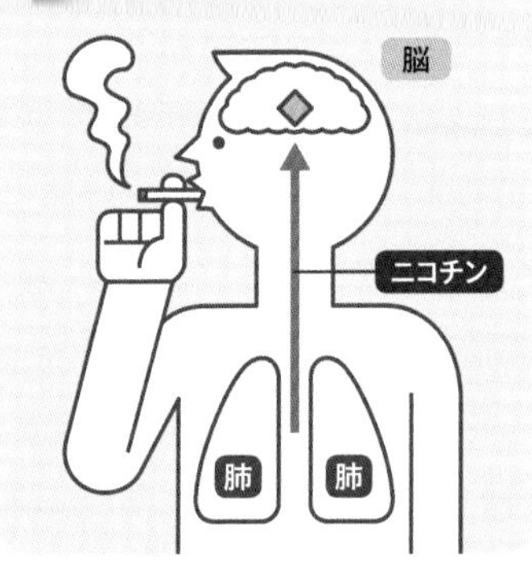

2 ニコチンは受容体と結合。側坐核から大量のドーパミンが分泌され、強い快感を得る。

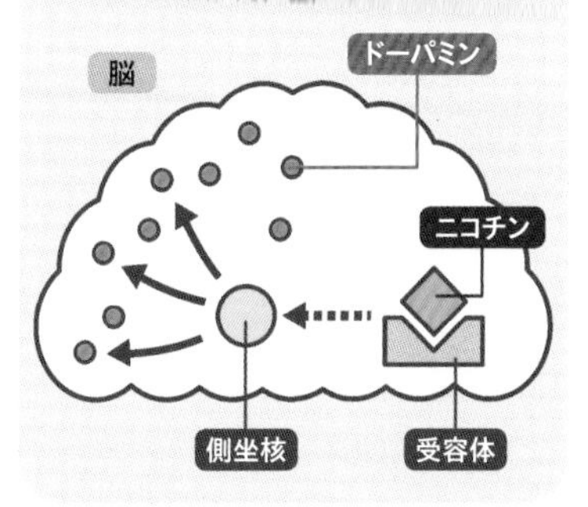

3 脳内にニコチンに依存する回路ができ、喫煙が習慣に。次第に耐性ができて快楽を得にくくなり、吸う量が増える。

4 習慣化した状態で喫煙を止めると、離脱症状（禁断症状）が生じる。その不快感を消すため、喫煙に依存することに。

禁断症状

- タバコが吸いたい
- イライラと落ち着かない
- 集中できない
- 頭痛 など

24 iPS細胞ってなにがすごい?

［新技術］

カラダのどんな細胞にもなる**万能細胞**。
再生医療や**薬の開発**に活用が期待される!

iPS細胞の発見は、医学研究者である山中伸弥教授に、2012年ノーベル生理学・医学賞をもたらしました。いったいどんな発見なのでしょうか?

iPS細胞とは、いったん分化した細胞を先祖返りさせて、カラダのどんな細胞にもなれる万能細胞をつくる技術です〔図1〕。**再生医療やiPS細胞を使って新しい薬の開発や病気の原因を調べる研究への活用**が期待されています〔図2〕。

再生医療とは、**カラダの器官や組織を再生する医療技術**です。患者の細胞からiPS細胞をつくりだし、皮膚や神経細胞といったさまざまな組織の細胞に分化させ、移植する再生医療を目指しています。現在はまだ、安全なiPS細胞のつくり方や安全性の確認などの研究が進められている段階です。

研究段階ですが、**iPS細胞を用いた治療が始められています**。網膜の加齢黄斑変性（かれいおうはんへんせい）の患者に対して、安全性を確認したうえで、iPS細胞由来の網膜が移植されました。

新しい薬の研究・開発も進んでいます。最近では、iPS細胞を使った筋委縮性側索硬化症（きんいしゅくせいそくさくこうかしょう）(ALS)や、家族性アルツハイマー病に対する治療薬の創薬研究といった分野に応用されるようになりました。

ヒトの体細胞からつくれる万能細胞

iPS細胞とは〔図1〕

人工多能性幹細胞ともいう。カラダのどんな細胞にもなれる万能細胞。

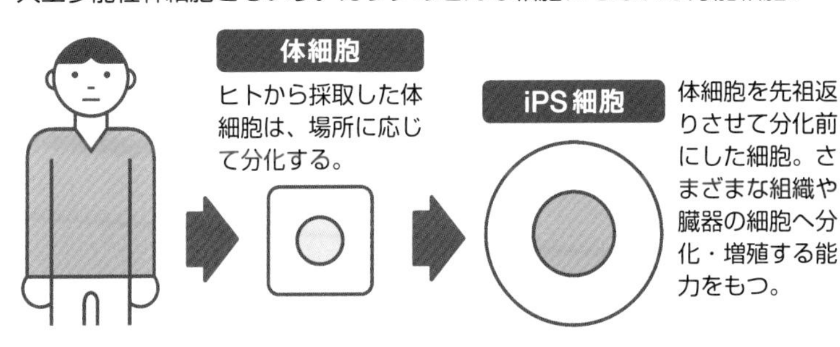

iPS細胞のおもな活用〔図2〕

再生医療や薬の開発などの分野で、活用が期待されている。

再生医療

自分の体細胞からつくったiPS細胞を使って、細胞や臓器がつくれれば、拒絶反応なく移植できるため、失われたカラダの細胞や器官を再生できる。

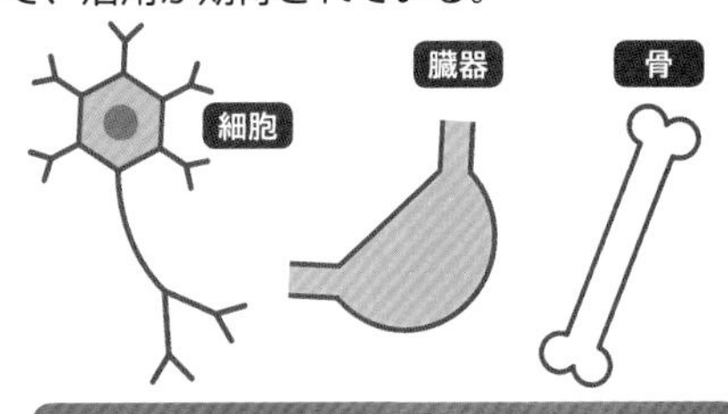

新しい薬の開発

病気のヒトのiPS細胞からさまざまな細胞をつくり、治療薬の候補となる薬を検討する手掛かりにすることができる。

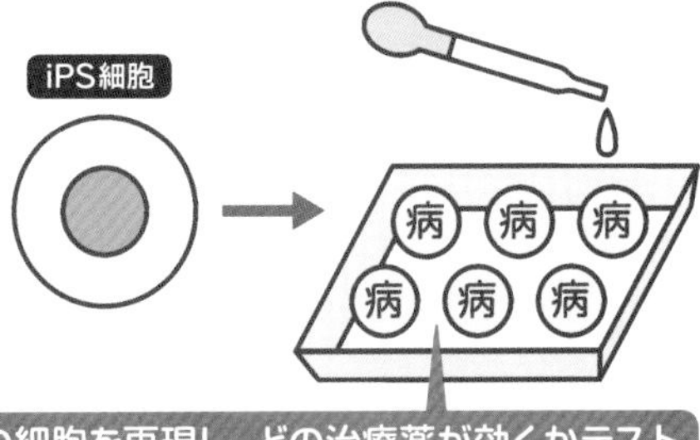

25 ［脳］ 天才って どういうヒト？

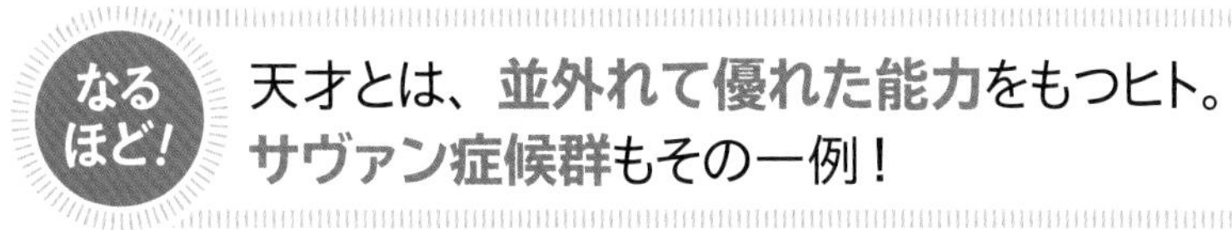

並外れて優れた能力・才能をもつヒトを**「天才」**と呼びます。天才の定義は決まっておらず、さまざまな研究がなされてきました。

知能指数（ＩＱ）が高い人は天才と呼ばれます。例えば、日本に２％ほどしかいないＩＱ130以上のヒトを「ギフテッド」と呼ぶなど、**天才＝優れた知的能力**とするものです。一方、創造性や作業能力などを生かして、**ほかにはない価値を世の中に与える能力も天才と呼ばれます**。高い知能指数をもたなくても、すばらしい芸術作品をつくるなど、見方によって天才の定義は変わるのです。

「ヒトは独立した複数の知能をもつ」という**多重知能理論**からみると、複数の知能のうち特定分野の知能で並外れた才能を天才と説明できます〔図1〕。

脳のある部分が上手にはたらかないことが、逆に特定の部位を発達させ、並外れた能力につながることがあります。精神・知的障害といわれる一方で、天才的な力を発揮する彼らは**「サヴァン症候群」**と呼ばれます。彼らは、多くの桁の暗算を瞬時に行う、一瞬見ただけの写真を正確に絵に描き起こすなど、数学、美術、音楽、記憶力などの分野で天才的な能力を発揮します。**サヴァン症候群は、特定の部位の脳の能力が飛躍的に高い**と考えられています〔図2〕。

見方によって天才の定義は変わる

多重知能理論とは？〔図1〕

「知能は単一でなく複数あり、ヒトは複数の知能をもつ」という。

言語的知能
作家など、言語を学んだり、言語を操る能力。

論理数学的知能
科学者など問題を論理的、数学的、科学的に探究する能力。

音楽的知能
音楽家など、音を識別し、音楽の演奏や作曲、鑑賞する能力。

身体運動的知能
俳優や運動選手など創作や問題解決にカラダを使う能力。

空間的能力
パイロットや建築家など空間のパターンを認識する能力。

対人的能力
教師など、他人の欲求を理解し、他人とうまくやる能力。

内省的知能
聖職者など、自分自身を理解し、自省する能力。

博物的知識
博物学者など、身の回りの事柄を認識し、分類する能力。

サヴァン症候群とは？〔図2〕

精神・知的障害をもつが特定分野で優れた能力を発揮するヒト。

ピアノを一度も練習せずに、テレビで初めて聴いたピアノ協奏曲を完璧に演奏した。

膨大な量の書籍を一度読んだだけですべて記憶して、それをすべて逆から読み上げた。

航空写真を一度見ただけで、細部にわたるまで描き起こした。

他人の誕生日の曜日を言い当て、加えてその人が65歳の誕生日の曜日も言い当てた。

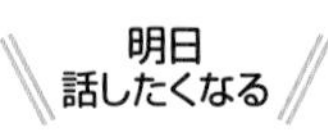

人体の話 4

ヒトの脳をデジタル化？

脳は、人工的につくることができるのでしょうか？

現在、脳以外のほとんどの臓器は、人工的につくられた代用臓器、人工臓器が存在し、研究がすすめられています。人工臓器は医療目的に用いられる単純なものしかつくれず、複雑な脳をつくるのは夢のまた夢の話です。

とはいえ、どんな細胞にも分化できるｉＰＳ細胞（➡P64）などを用いれば、**理論上、脳の作成は可能**と考えられています。ｉＰＳ細胞から豆粒大の人工脳**「脳オルガノイド」**をつくりだし、脳疾患治療への応用が研究されています。

また、コンピューターの進化によって、**ヒトの脳そのものをデジタル化することを検討**する研究者も出てきました。はたして、脳を

脳の人工化って可能?

機械のような人工物に置き換えることはできるのでしょうか？

人間の脳には神経細胞とグリア細胞（神経細胞以外の脳細胞）が存在し、無数のシナプスをつくり、毎日変化しています。**現在の技術ではこのような複雑な脳をコピーし、コンピューター上などで脳を完全に再現するのは不可能でしょう。**さらに、もし完全に同じものがつくれたとしても、問題になるのが私たちの「意識」です。**どのように、私たちに意識が生まれているのか、しくみはまだわかっていません。**もし自分とそっくりな脳をつくれたとしても、その意識が自分のものかどうかは、わかりようがありません。

ただ、こういう考え方があります。オーストラリアの哲学者チャーマーズは、**「フェーディング・クオリア」**という思考実験を考えました〔下図〕。脳に意識がある状態で、脳の神経細胞を徐々に1つずつシリコン製人工神経細胞に置き換えるとどうなるのか？　脳は置き換えに気づかず、ヒトのクオリア（感覚意識体験）は同じままであると彼は主張します。「ヒトの意識はどこにあるのか」という命題は哲学の深淵をのぞき込む問題です。

チャーマーズの思考実験

脳の神経細胞を1つずつ人工の神経細胞に置き換えていったとき、意識はどう変化するかという思考実験。チャーマーズは「意識は維持される」と主張した。

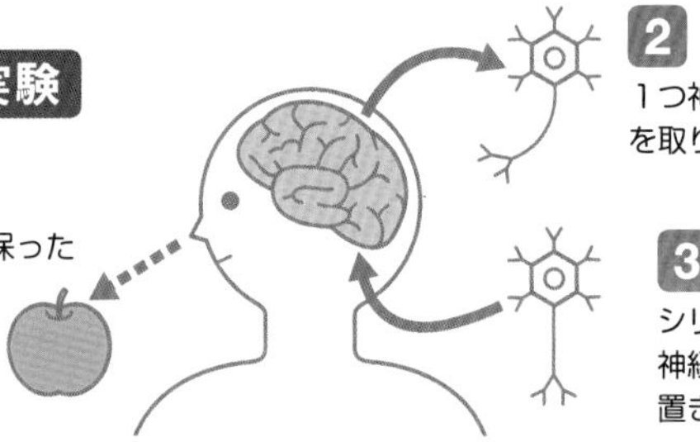

徐々に2～3を行うと、同一の意識のまま、人工脳に置き換わるかも?

医学の偉人

1

医学界の意識を変革した「近代解剖学の父」

アンドレアス・ヴェサリウス

（1514 - 1564）

ヴェサリウスは、『ファブリカ』※という人体の構造を示した解剖学書を出版したブリュッセル生まれの解剖学者です。600ページ超、約300もの正確な木版画でつくられた解剖書は、出版された1543年時点では類を見ない本で、そのため、彼は「近代解剖学の父」とも呼ばれています。

宮廷薬剤官を務める父のもとに生まれたヴェサリウスは、医学に自然と興味をもちました。当時、大学の医学部では、2世紀の医学者ガレノスの理論をもとに人体の構造を教えていました。人体の解剖を行う際、実際の解剖結果とガレノスの教科書の内容が違っていても、当時は教科書の方が正しいとされたのです。

ヴェサリウスはこのような授業に失望し、墓地の遺骨を観察するなどして人体の本当の構造を解明していきました。22歳のとき、彼はパドヴァ大学で解剖学の教授の職を得ます。彼の授業では、自らヒトや動物を解剖し、学生に解剖台を囲ませて実地で学ばせました。ヴェサリウスが描いた解剖図は正確だったので、模写が出回るほどの好評を得ます。

この研究の集大成が、『ファブリカ』です。人体をよく観察し、観察結果を正確に記述するという研究スタイルは、権威より真実を尊ぶように医学界をドラマティックに革新しました。

※ファブリカは、ラテン語『De humani corporis fabrica libri septem（人体の構造）』の略称。

2章

なるほど！ とわかる
人体のしくみ

食べたモノはどう消化される？
どうして脂肪は必要なの？ など、もっとも身近な
「自分」のことなのに、わからないことだらけの「人体」。
そのしくみを、この章でひもといていきましょう。

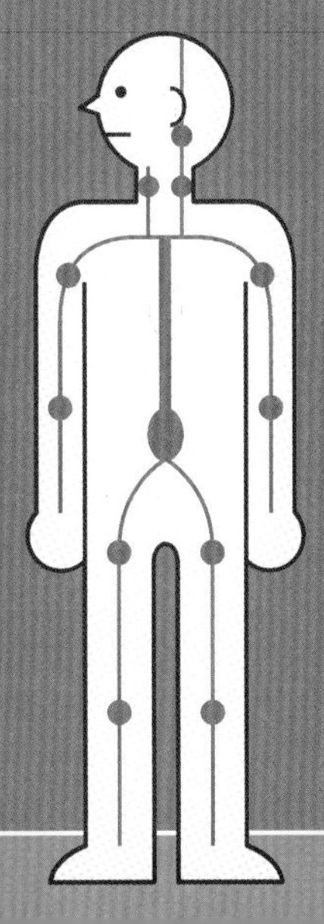

26 ［骨］ ヒトの骨って何のためにあるの？

カラダを支え、守り、動かすほか、血液をつくるはたらきもする！

「骨」は、ヒトの「骨格」を形づくるだけでしょうか？　カラダの中で骨はどんなはたらきをしているのでしょうか？　骨は実にさまざまな役割をもっています〔右図〕。

1つ目は**カラダを支えること**。前後にゆるいカーブを描く背骨（脊椎）が、歩くときの衝撃を吸収し、直立したカラダを支えています。アーチ状の足の骨が、カラダの重みを支えるのも同じ構造です。

2つ目は、**大事な部位を守ること**です。頭蓋骨は、平らな骨がドーム状につながり、ヘルメットのように脳を保護しています。ろっ骨は、呼吸を司る心臓と肺を守っています。

3つ目は、**骨格筋と関節を使いカラダを動かすこと**。脳からの指令で骨格筋が伸び縮みすることで、カラダを動かすことができます。

4つ目は、**血液をつくること**。骨の中心部分の「骨髄」には造血幹細胞があり、赤血球、白血球、血小板などに成長します。

5つ目は、**カルシウムとリンの貯蔵と供給**。骨の主成分はリン酸カルシウム。血液中のカルシウムとリンの濃度は一定に保たれます。吸収されると骨に蓄えられ、不足すると血液中に供給されます。

ちなみに骨の数は、子どもの頃は300ほどですが、大人になるといくつかの骨がくっつき、200くらいになります。

カラダの骨の数は約200個

骨のいろいろな役割とは？

骨には、大事なものを守る、カラダを支える、カラダを動かす、血液をつくるなど、いくつかの役割がある。

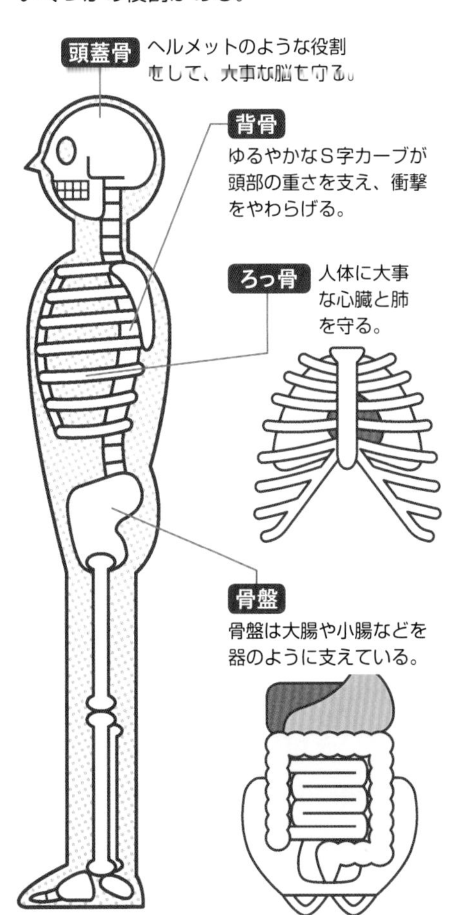

カラダを動かす

骨についている筋肉と連動して関節を曲げ、カラダを動かす。

カルシウムを貯蔵・供給

血液中のカルシウム濃度を一定に保つため、骨にカルシウムを貯蔵、足りなくなれば供給する。

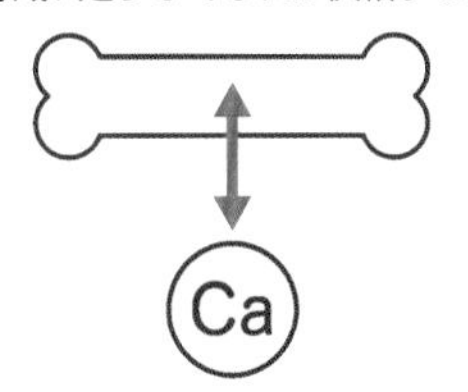

血液をつくる

骨の中にある骨髄で血液の成分がつくられる。

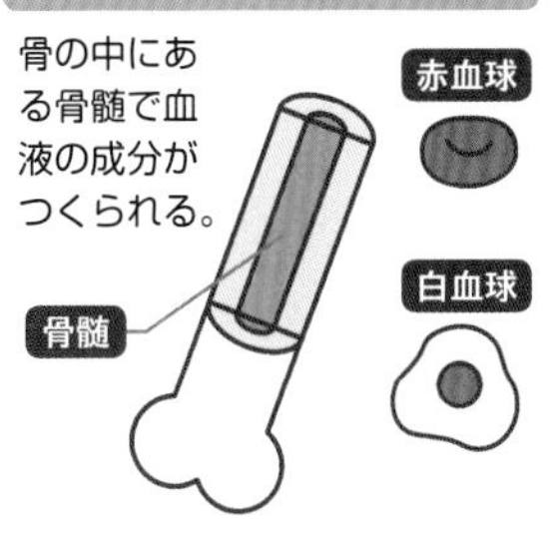

27
［骨］

骨は何からできているの？

骨の細胞やカルシウムなどからできていて、約５年間で骨はほぼ入れ替わる！

骨は、何でできているのでしょうか？

骨は、**生きた細胞の間に、リン酸カルシウムが沈着（石灰化）**してできています〔図1〕。硬くて変化しないように見える骨ですが、ほかの組織と同様に、栄養などによって形づくられ、吸収され、日々変化を繰り返しています。生きているサンゴと海に似ています。

骨は、**血液中のカルシウムの不足に応じて、カルシウムを供給**します。血液中でカルシウム分が減ると、副甲状腺ホルモンによって破骨細胞が活性化。骨を酸や酵素で溶かし、血中に取り込みます（骨吸収）。これは、私たちのカラダが、筋肉の収縮や情報の伝達のために常にカルシウムが必要だからです。

血中のカルシウム濃度が十分になると、甲状腺から破骨細胞のはたらきを抑える物質が分泌されます。すると今度は骨芽細胞によって、血中のカルシウムを使って骨が形成されます〔図2〕。

こうして私たちのカラダでは、骨の吸収と形成が常にくり返されています。**若いヒトでは、１つの骨で数か月間、およそ３～５年間で全身の骨が入れ替わります**。筋肉を鍛えると、その筋肉がついている骨に負荷がかかって成長し、太くなります。逆に骨の吸収速度が形成速度を上回ると、骨はだんだんと細くなっていきます。

骨はカルシウムの貯蔵庫である

骨のしくみ〔図1〕

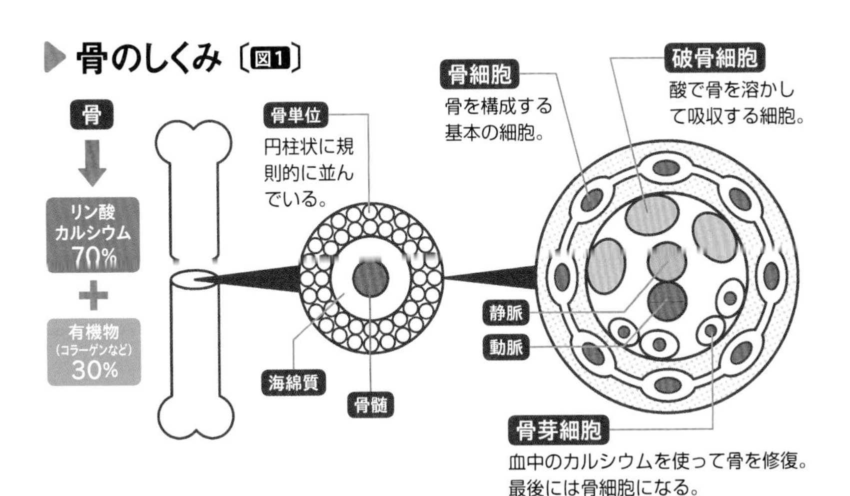

骨の吸収と形成〔図2〕

骨は吸収と形成を繰り返し、血中のカルシウム濃度を調節したり、古い骨を新しい骨に作り直したりしている。

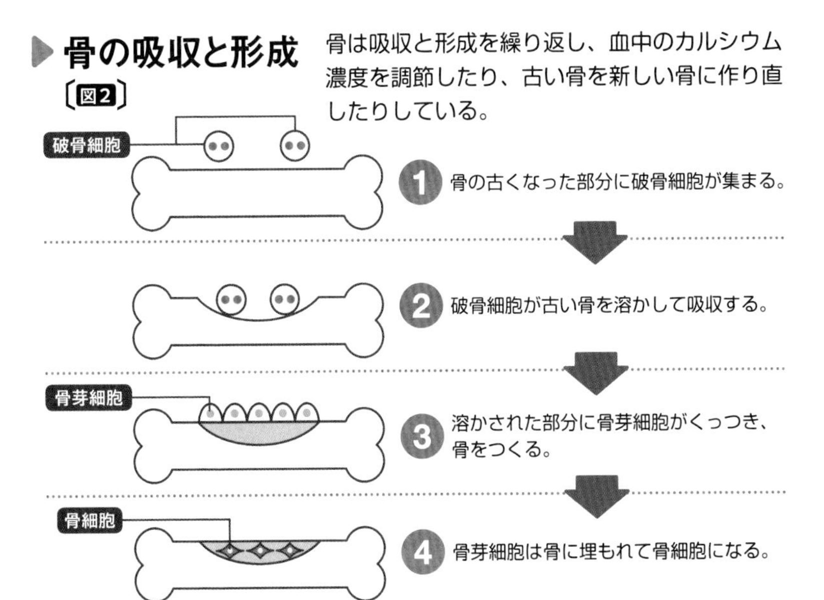

28 筋肉って何？どんな役割がある？

［筋肉］

筋肉は**筋細胞**の集まり。
体を動かすだけでなく、**体温も調整**する！

筋肉はカラダの各部を動かす組織で３種類に分かれます〔右図〕。

１つ目は**手足などを動かす「骨格筋」**。２つ目は**消化器や血管などにある「平滑筋」**。３つ目は**心臓を拍動させる「心筋」**です。これらはいずれも「筋細胞」が集まってできています。

骨格筋は骨についてカラダを動かしますが、それだけではありません。カラダのバランスを整えて、常に安定した姿勢を保つことに役立ったり、外部の衝撃から血管や内臓を守ったりしています。

平滑筋は、消化管や血管の壁にあって、収縮・弛緩することで、血液や内容物を運ぶなどします。心筋は心臓を形づくり、収縮・弛緩させて血液をポンプのように体中に送り出すはたらきをします。

筋肉は伸び縮みすることにより、熱を生みます。ヒトの体温は常に36～37度に保たれますが、その熱の約６割は筋肉が生み出します。また、筋肉のエネルギー源は、糖と脂質です。カラダを鍛えて筋肉量を増やしておくと、それだけ糖と脂質の消費が多くなり、生活習慣病の予防にひと役買うことになります。

さらに**筋肉は水分も蓄えます**。体重60キロの成人で、約15～20キロの水分が筋肉に蓄えられているといわれます。つまり、筋肉は水貯蔵タンクにもなっているのです。

筋肉は伸び縮みで熱を生む

3種類の筋肉の役割

筋肉はカラダの各部を動かす組織で、3種類に分けられる。

骨格筋

核

骨格筋細胞

筋肉

骨格についている筋肉。骨格筋は筋繊維が何本も束ねられており、1本の筋繊維が1個の細胞でできている。

平滑筋

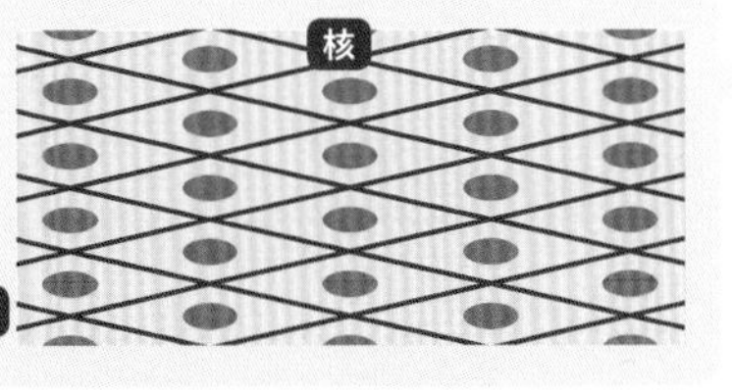

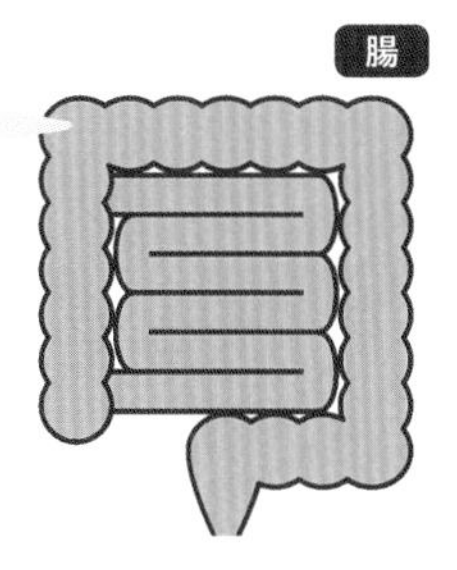

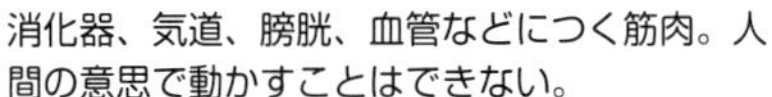

消化器、気道、膀胱、血管などにつく筋肉。人間の意思で動かすことはできない。

心筋

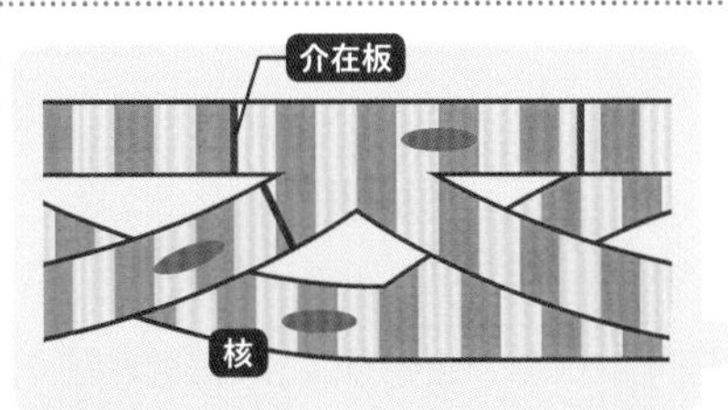

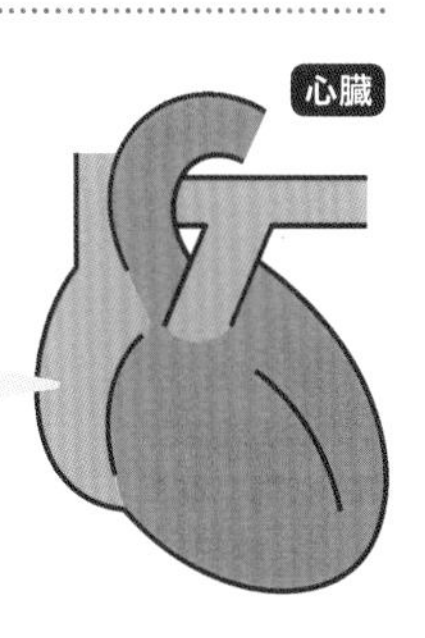

心臓をつくる筋肉。介在板を介して心筋細胞は相互にあみ目状につながっている。これによって心筋は収縮・弛緩し、心臓を動かしている。

Q ヒトは何キロまでモノをもち上げられる？

体重の2倍ぐらい or 500キロぐらい or 1,000キロぐらい

天照大神（あまてらすおおみかみ）の隠れた天（あま）の岩戸（いわと）の岩戸をこじ開けた伝説など、各地には重い物をもち上げる怪力伝説があります。伝説では、ものすごい大きな石をもち上げる人物が出てきますが、実際のところ、ヒトはどのくらいの重さのモノをもち上げられるのでしょうか？

1トンを超える巨石を花岡山から熊本城まで運んだという横手五郎の伝説など、全国各地にはさまざまな怪力伝説が残っています。**現在、パワーリフティングのデッドリフト※の世界記録は501キロ。**実際のところ、ヒトはどれぐらいの重さまでモノをもち上げられるものなのでしょうか？

※デッドリフトとは、床上のバーベルを、膝と腰が伸びきった直立姿勢になるまで引き上げる競技。

筋肉は、トレーニングやステロイドホルモンで鍛えることができます。しかし、筋肉量が増えると、筋肉ホルモン（マイオカイン）のひとつである**ミオスタチン**が分泌されます〔下図〕。ミオスタチンには筋肉の増殖を抑える作用があり、一定以上の筋肉量を増やすことはできなくなります。

仮にこのミオスタチンが分泌されないと、筋肉はどんどん増えていきます。実際に、生まれつきミオスタチンが体内に存在していない牛が存在し、普通の牛に比べて２倍の筋肉をもっていました。過剰な筋肉はエネルギー消費量が増え、体重も重くなり、生存に不利になります。また、**モノをもち上げるという運動は、脳と筋肉の連携が必要**です。脳から筋肉に通じる神経線維の数は増やすことができません。ここに限界が生まれます。

そもそも、現在のウエイトリフティングの記録が人間の限界に近いともいわれています。ヒトがもち上げられる限界も500キロ程度とみられており、それ以上の重さのものをもち上げると、瞬間的な筋力で関節が傷んだり、腱が断裂するおそれがあるのです。

つまり、デッドリフトでの最高記録を考えると、答えは「500キロぐらい」といえるでしょう。

筋肉から出るホルモン

筋肉ホルモンは20種類以上あるとみられるが、まだわかっていない部分が多い。

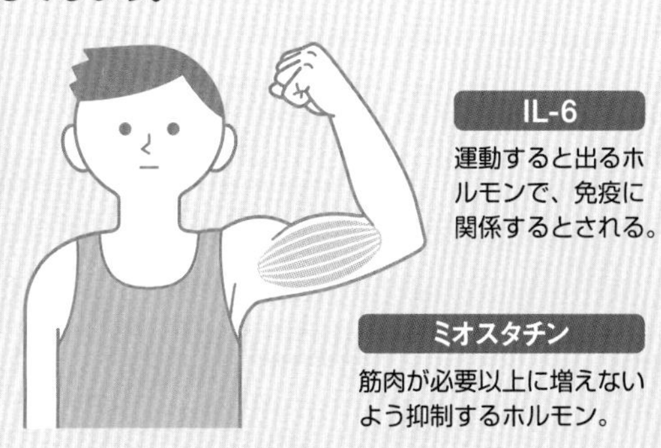

29 ［血管］ 血管の役割は？① 「体循環」で物質を運ぶ！

なるほど！ **酸素とブドウ糖**を全身に運び、**二酸化炭素**を回収するため！

そもそもなぜ、血液は全身を循環しているのでしょうか？

血液の大切な役割のひとつが、**酸素を運ぶこと**です。酸素は空気中から、肺を通して取りこまれます。血液は、**栄養素のブドウ糖も運びます**。酸素とブドウ糖は結びついて、細胞内でエネルギーをつくるのです。

このとき、二酸化炭素と水が発生し、血液によって運び出されます。運ばれた二酸化炭素は、肺から吐き出されます。これも、血液の大切な役割です。

また、**血液の循環には「体循環」と「肺循環」があります**。心臓から全身をめぐって帰ってくる血管の流れを「体循環」と呼び、心臓と肺を行き来する流れを「肺循環」と呼びます〔右図〕。

血管には、おもに酸素をカラダじゅうに運ぶ**「動脈」**と、おもに二酸化炭素を全身から回収する**「静脈」**があります。全部の血管をつなぎ合わせると**ひとり分で全長約９万キロメートル**に及びます。

動脈の血は鮮やかな赤で、静脈の血は黒ずんでいます。酸素を運ぶ赤血球に含まれるヘモグロビンが酸素と結びつくと、酸化ヘモグロビンとなり鮮やかな赤に発色。そして、各組織で酸素を離すと、還元ヘモグロビンとなり暗い赤に変わるからです。

動脈の血は鮮やか、静脈の血は黒ずむ

体循環と肺循環

張りめぐらされた血管は全身に酸素を運び、二酸化炭素を回収する。

動脈
心臓から体内の各組織に酸素や栄養素を送る血管。

静脈
体内の各組織から血液を心臓に送る血管。

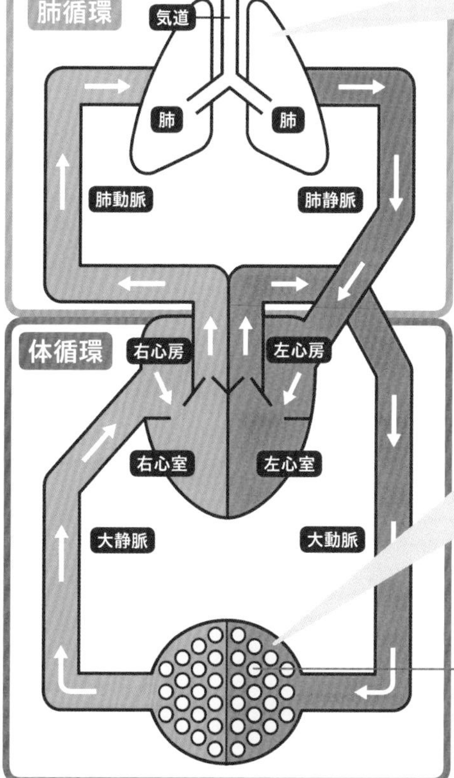

肺胞
血液は、肺内部の肺胞で酸素をもらって、二酸化炭素を渡す。

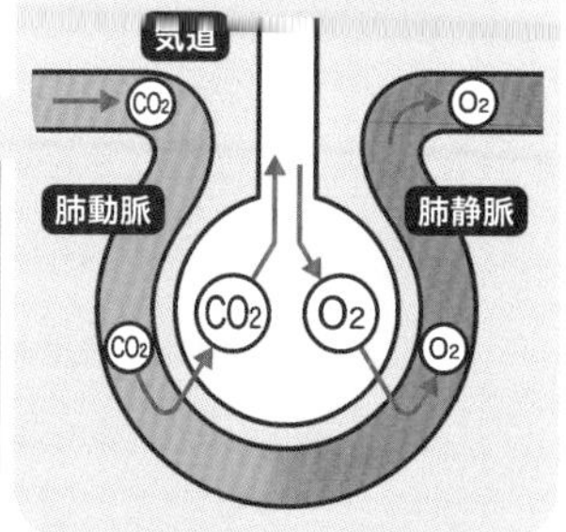

細胞
カラダの細胞は毛細血管から酸素を取り込み、二酸化炭素を送り出す。

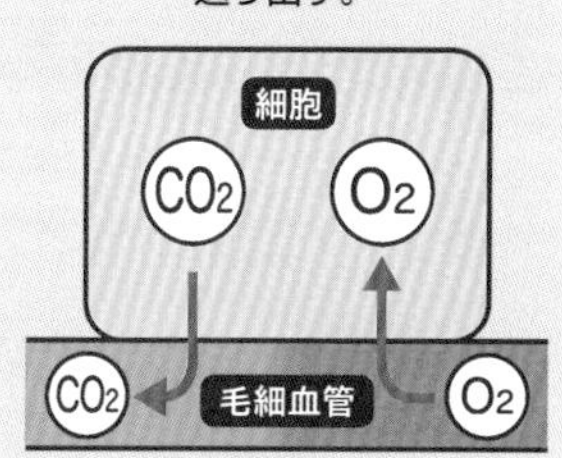

毛細血管
直径約0.005～0.01ミリの血管。組織の中でもっとも細く、動脈が静脈に移行する。

30 血液の役割は？② 「赤血球」などのしくみ

［血液］

血液の主成分には「**赤血球**」「**白血球**」「**血小板**」「**血しょう**」があり、それぞれ役割がある！

血液は赤血球、白血球、血小板といった血球と、液体の血しょうなどからなります〔右図〕。

赤血球は、直径約0.008ミリの中央部のへこんだ円盤状の細胞で、おもに**酸素を運びます**。

白血球は、大きさは0.01～0.015ミリで、**役割は侵入した異物からカラダを守ること**。さまざまな種類があり、例えば、血液中の好中球という種類の白血球は、細菌などの外敵を察知すると、血管の壁から出ていって、それを捕食・撃退します。

血小板は、円盤型で、0.002ミリ程度の細胞のかけら。役割は、**出血を止めること**です。血管が破れると、流れ出た血小板が傷口に次々に貼りつき、ふたをします。続けてフィブリンという繊維状のたんぱく質がつくられ、これが血球をからめて血液を固めることで、傷口をふさぎます。

こうした細胞を支える液体が、血しょうです。**血しょうは、黄色味をおびた液体で、主成分は水とたんぱく質**。血液の約55％に当たります。ヒトの血液は、だいたい体重の13分の1ぐらいの重さがあるそうです。例えば、体重が60キロのヒトであれば、約4.6リットル になります。

栄養や酸素を運び有害物質から守る

血液の主成分は4つ

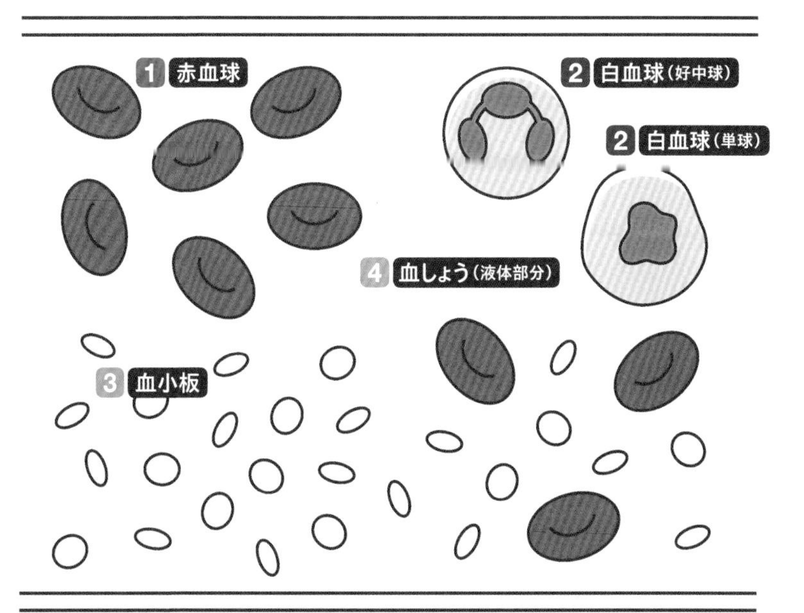

1 酸素を運ぶ

赤血球

なかには酸素と結びつきやすいヘモグロビンという赤いたんぱく質が入っている。肺で酸素を受け取り、心臓によって全身に送られる。

全体の約43%

2 体を守る

白血球

カラダを守るために全身を回る免疫細胞。好中球、単球などいくつか種類がある。外敵の侵入があると、骨髄でさかんにつくられる。

全体の約1%

3 傷をふさぐ

血小板

血管壁が傷つくと、集まって傷をふさぐ。壁が壊れて出血した場合、血小板はフィブリンをつくり、血球などを集めて血液を固めてふたをする。

全体の約1%

4 液体部分

血しょう

血液の液体成分。90%が水で、残りはたんぱく質、ブドウ糖、脂質、老廃物、抗体、電解質(無機塩)などでできている。

全体の約55%

選んでわかる
人体の秘密
③

Q 血液はどのくらいでカラダを駆けめぐる？

30秒 or 30分 or 1時間 or 1日

心臓は毎日休みなく動いて、体中に血液を送り出しています。血液は、体中に張りめぐらされた血管を通って、体内を循環しますが、一体、血液はどのくらいの時間でカラダの中を一周するのでしょうか？

心臓は、血管を通して血液を体中に送るポンプの役割をしています。休みなく一生はたらき続け、**1分間に成人男性で62～70回程度、成人女性で70～80回程度拍動**し、1分間で約5リットルの血液を押し出しています。だいたい1日に約9～10万回の拍動で、約8トンの血液を全身に送っている計算になります。

血液は、**心臓→大動脈→動脈→毛細血管→静脈→大静脈→心臓…という流れで体内を循環**します。血液を送り出す力はとても強く、通常の拍動の場合、血流の流れる速度は上行大動脈（頭に血を送る血管）では**秒速60〜100センチ**、下行大動脈（下半身に血液を送る血管）では**秒速20〜30センチ**と、とても速く流れています（毛細血管では秒速0.5〜1センチと遅くなります）。

動脈・静脈・毛細血管を１つにつなげた血管の合計距離は**約９万キロメートル**といわれますが、その長さのほとんどは毛細血管が占めるもので、血管の長さは、カラダをひとめぐりする距離と考えられます。

さて、血液が全身を循環する時間は、どのくらいになるでしょうか？

心臓と肺をめぐる肺循環では３〜４秒、心臓と全身をめぐる体循環では速くて約30秒〜1分です〔右図〕。つまり答えは「30秒」です。私たちが予測するよりずっと速くありませんか？

全身の血管

心臓から出た血液は、動脈→毛細血管→静脈を通過して、また心臓に戻ってくる。

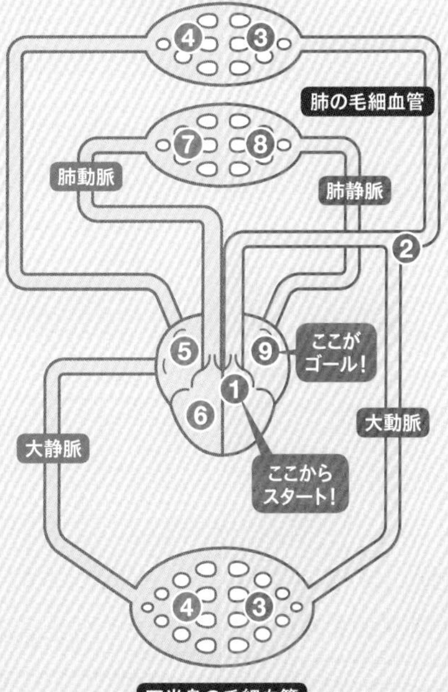

31 ［骨］ 血をつくり出す？「骨髄（こつずい）」のしくみ

骨髄は**骨の中心部**にある組織。赤血球、白血球などの**血液細胞**がつくられる！

「骨髄バンク」へ登録…といった話を聞いたことがあると思いますが、そもそも「骨髄」というのはどういうものなのでしょうか？

骨髄とは、骨の中心部にある組織で、この中で赤血球、白血球、血小板が生まれます。骨髄には、血液のもとになる造血幹細胞（ぞうけつかんさいぼう）があり、必要に応じてさまざまな血液細胞に変身するのです〔図1〕。

血液細胞は、子どものころは、ほとんどの骨の骨髄でつくられますが、大人になると骨盤、背骨やろっ骨、肩や胸の骨など、限られた骨だけがつくるようになります。白血病が疑われた場合、そこから骨髄を取り出して調べます。

白血病は、がん化した白血病細胞が無制限に増加する病気です。治療法は、薬で白血病細胞を殺すことや、健康な造血幹細胞ごと骨髄を移植すること。骨髄移植には、拒絶反応を減らすため患者のヒト白血球抗原（HLA）が一致しなければならず、家族で４分の１、それ以外は数百～数万人に１人と低い適合率なのです。そのため、「骨髄バンク」にたくさんの骨髄提供者（ドナー）が登録し、病患者と適合するドナーをめぐり合わせる必要があります。

ちなみに血球にも寿命があり、**古くなった赤血球は、最後は脾臓（ひぞう）で処理**され、新しい血球の材料としてリサイクルされます〔図2〕。

寿命がきた赤血球は壊され再利用される

血液の工場、骨髄〔図1〕

骨の中心部にあり、血液細胞は、骨髄でつくられる。

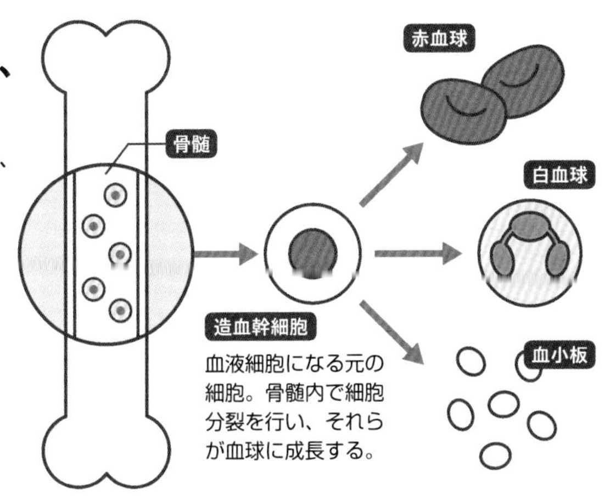

赤血球の一生〔図2〕

赤血球は、骨髄でつくられた後は体のためにはたらき、やがて寿命がくると脾臓で処理され、鉄はリサイクルされる。

1 赤血球は約120日で寿命を迎え、脾臓などで白血球に壊される。

赤血球
白血球
脾臓

2 分解された赤血球は、鉄とビリルビンになる。

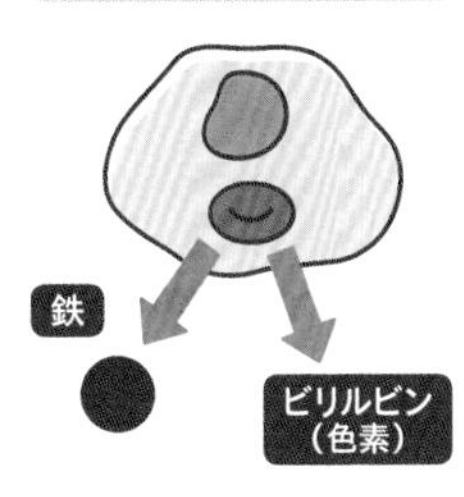

3 鉄は処理され、肝臓と脾臓に貯蓄される。

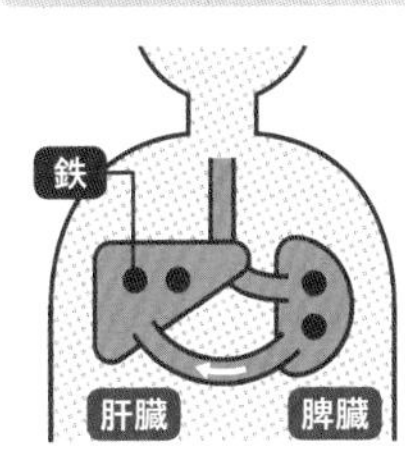

4 やがて鉄は骨髄に運ばれ、新しい赤血球の材料になる。

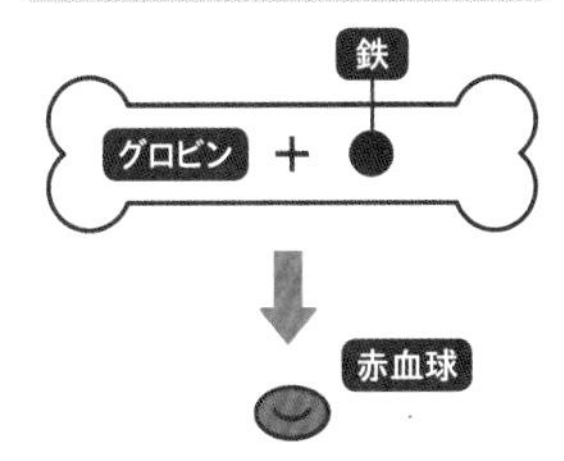

32 ［リンパ］ 全身に張りめぐらされた「リンパ」ってどんなもの？

リンパの流れで**細胞を助けている。**
リンパ節は**リンパ液が集まる拠点**！

リンパとは「リンパ液」のことで、リンパ管を流れるうす黄色の液体です。成分は血しょうと同じ。**毛細血管から細胞と細胞の間へしみ出した血しょうがリンパ管に入ったものがリンパ液**です〔図1〕。

リンパ液は、細胞から排出された老廃物や水分、そしてリンパ球を運びながら、毛細リンパ管からリンパ管へまとまり、最後は鎖骨の下あたりで静脈に合流します。

リンパ球は、白血球のひとつです。T細胞（Tリンパ球）とB細胞（Bリンパ球）があり、どちらもウイルスや細菌と戦います（➡P18）。**リンパ節**は、リンパ液の集まる拠点にある、豆の形にふくらんだ器官。正常では1センチの大きさです。リンパ液中の汚れや細菌などをこし取るはたらきをもち、体内には300～600個あります。

リンパ節の中は、細かい網目のように入り組んでいます。ここでは、T細胞とB細胞のほか、マクロファージという大型の白血球が待ち構えていて、通過するリンパ液中の病原体を殺しています。

ちなみに、**リンパの流れをよくして老廃物の排出をうながすようにカラダをなでさする手技**があります。医療目的としてカラダにリンパ液が溜まってむくむリンパ浮腫（ふしゅ）を改善するリンパドレナージュと、この手技を美容目的で行うリンパマッサージがあります〔図2〕。

血管のようにはりめぐらされたリンパ管

リンパとは？〔図1〕

血管からしみ出た水分などがリンパ管に取り込まれたもの。リンパ管を通じて静脈に合流する流れをリンパ系と呼ぶ。

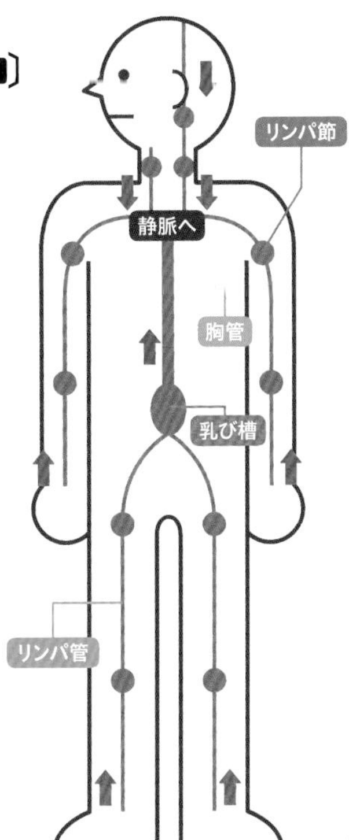

リンパ節とは

細菌やウイルスなどがいないかを確認し、いたら退治する場所。カラダの各所にある「免疫の関所」。

胸管とは

下半身と左半身のリンパ液を集めて静脈に送る太いリンパ管。

リンパ管とは

毛細血管からしみ出した水分を取り込む。血管とは別に体中をめぐっている。流れは一方通行で、鎖骨の下へ向かっている。

乳び槽とは

お腹にある大きなリンパ管。下半身からのリンパ液はここに集められる。

リンパの流れをよくする〔図2〕

カラダをなでさすることでリンパの流れをよくして、むくみをとる手技があり、医療目的と美容目的で用いられている。

カラダに溜まったむくみの原因とみられるリンパ液を、リンパ管に送り込む手技がある。

33 ［目］ 目はどうして悪くなるのか？

レンズ調整がうまくいかない状態。例えば、近くを見続けると近視が進行！

目が悪くなるのはどうしてでしょうか？

原因はさまざまですが、**目のピントを合わせる機能の低下がその一因**です。例えば、近距離でスマホを見るとき、目は水晶体を厚くしつつ、眼球を前後に伸ばすことで、ピントを調節します。こうして近くにピントを合わせ続けると眼球が伸びたままになり、遠くにピントが合わずぼやけて見え、近視が進行するのです。

目がピントを合わせられるのは、**毛様体（もうようたい）という細い筋肉が、水晶体の厚みを変えているため**。これがうまくできなくなると、目は悪くなるのです。眼球がゆがんで奥行きが変わったり、角膜や水晶体がゆがんだりなめらかでなくなったときにも、視力は落ちます。

眼球の奥行きが長くなるなどして、遠いものに合わせたレンズ調節がうまくできなくなり、**網膜の手前で像を結ばれる状態が「近視」**です。反対に、眼球の奥行きが短くなるなどして、近いものに合わせたレンズ調節がうまくできなくなり、**網膜よりも奥で像を結ばれる状態が「遠視」**です。

角膜や水晶体のゆがみなどにより、**目に入る光が網膜上で上手に焦点がつくれない状態が「乱視」**です。加齢が原因で毛様体が衰え、水晶体の調節ができにくくなった症状を「老視」といいます。

メガネで行える視力矯正

目が悪くなるしくみ

「目が悪くなる」とは、水晶体のレンズ調整がはたらかないなどが原因で、網膜でうまく像を結べない状態のこと。メガネなどで矯正できる。

正視

モノを見たとき、網膜上に像を結ぶ。

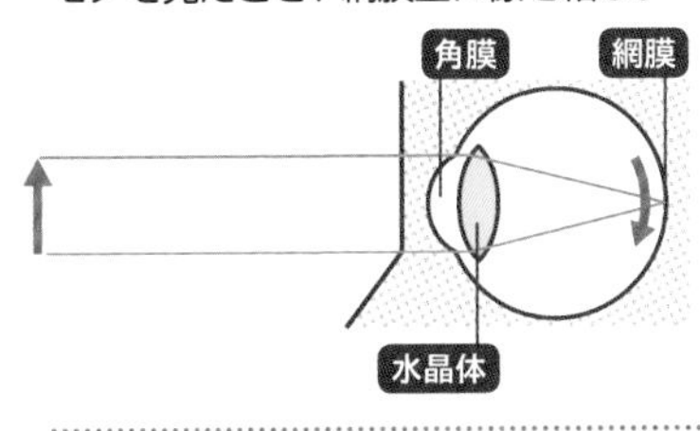

乱視の状態

ものを見たとき、焦点が１点に像を結ばず、上下左右にぶれた状態。角膜や水晶体の変形などが原因。

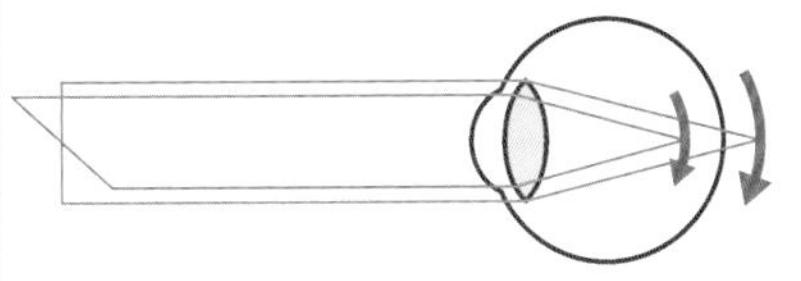

遠視の状態

目の奥行きが短かったり、水晶体のレンズ調節がうまくはたらかなかったりすると、見ているものが網膜より奥で像を結ぶ。

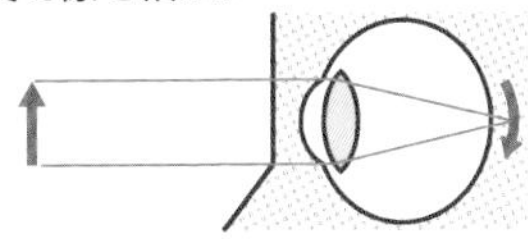

［遠視用メガネをかけると…］

遠視の場合は、凸レンズを用いて焦点の距離を短くする。すると、見ているものが網膜上で像を結ぶ。

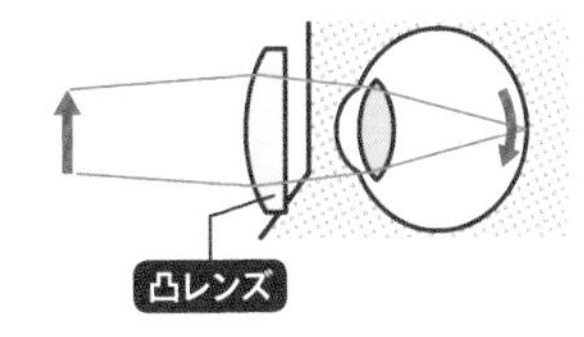

近視の状態

目の奥行きが長かったり、水晶体のレンズ調節がうまくはたらかなかったりすると、見ているものが網膜の手前で像を結ぶ。

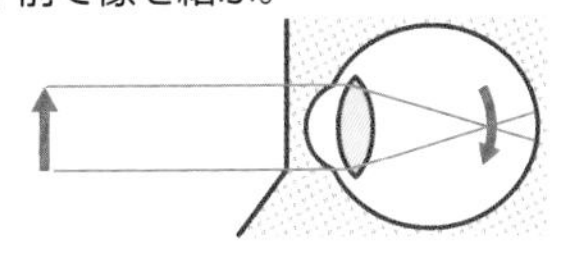

［近視用メガネをかけると…］

近視の場合は、凹レンズを用いて焦点の距離を伸ばす。すると見ているものが網膜上で像を結ぶ。

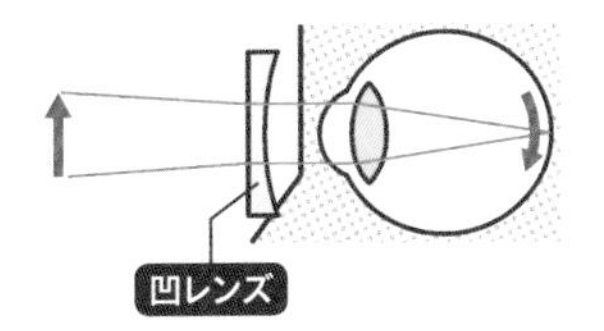

34 ［耳］ どうして耳で音を聞くことができる？

鼓膜の震えが耳小骨で増幅されて、蝸牛の聴覚細胞の毛を振動させて聞いている！

私たちは音をどうやって聞いているのでしょうか？　モノの振動が耳を通って「音」と認識していく流れを見てみましょう〔右図〕。

音とは、モノの振動です。モノの振動が空気中などを伝わる波、**「音波」**をつくり、これが耳に届きます。耳殻に集められた音波は、鼓膜へと向かいます。鼓膜は厚さ0.1ミリほどのうすい膜です。鼓膜より外側を外耳といい、外耳道を音波が通っていきます。

音波は鼓膜を震わせ、**鼓膜の振動は内側の耳小骨へ伝わります**。耳小骨は、つち骨、きぬた骨、あぶみ骨の３つの小さな骨からなり、震えはこの順に伝えられます。つち骨ときぬた骨が“てこ”のように動き、それが小さなあぶみ骨を震わせることで、振動は約20倍に増幅されます。ちなみに、鼓膜から耳小骨までを中耳といいます。

震えは、内耳の蝸牛へと伝わります。蝸牛はリンパ液に満たされた渦巻き状の管です。蝸牛のところどころに、有毛細胞（聴覚細胞）を備えた部分があり、これをコルチ器といいます。この有毛細胞がリンパ液を伝わる振動を受けて、共鳴した毛が震えるしくみです。

そして、**有毛細胞の毛の傾きが電気信号となって、さらに内側の神経に伝達**されます。音の情報は大脳皮質の側面に位置する聴覚野に伝わります。**この聴覚野で、「音」として知覚される**のです。

中耳で増幅、内耳で電気信号に

聴覚のしくみ

音の振動を鼓膜がとらえ、その振動を電気信号に変えて、神経を通じて脳の聴覚野に送られ、音を知覚する。

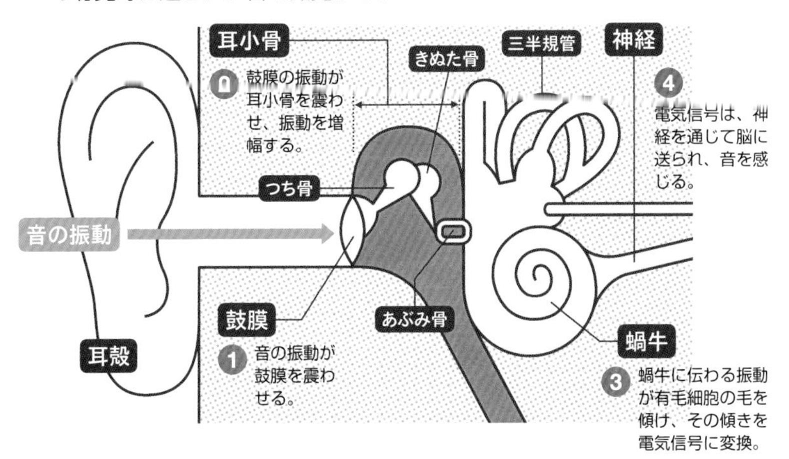

蝸牛の構造

蝸牛のらせんに沿ってコルチ器が並ぶ。音の振動は、頂上まで来ると違う道を引き返して中耳へ抜ける。

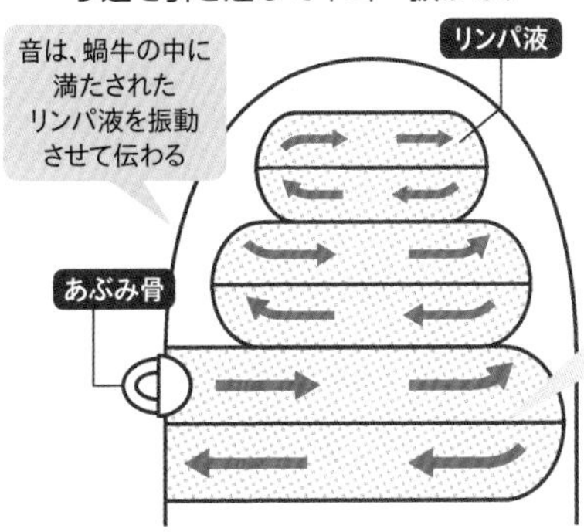

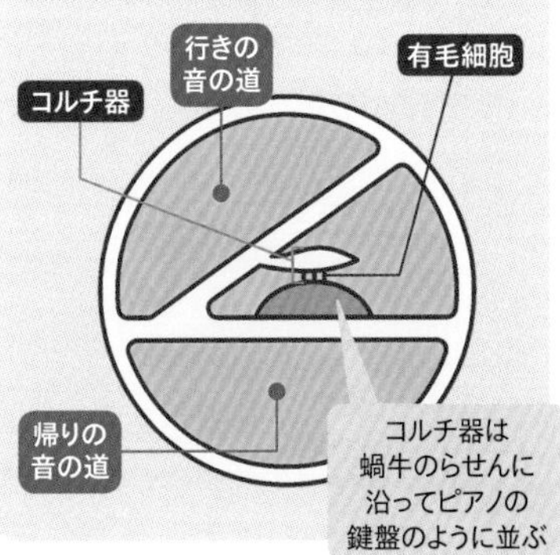

35 ［耳］ヒトの平衡感覚は耳が司っている？

耳の中の**三半規管**と**前庭**が、
方向と**加速度**を感知している！

ヒトは、多少風を受けたり押されたりしても、倒れずに立っていられますよね？　これは、カラダの傾きや回転を無意識のうちに脳が察し、体勢を立て直しているからです。この**平衡感覚を感じて脳に伝える感覚器は、実は耳の中にある**のです〔右図〕。

耳の中にある「内耳」には、蝸牛のほかに三半規管と前庭があります。**三半規管は、３つの輪（半規管）がお互いに直角に配置されたもので、それぞれが３方向の傾きや加速度を感知**します。

半規管の内部はリンパ液で満たされていて、カラダが回転するとリンパ液が動きます。半規管の根元には膨大部とよばれるふくらみがあり、神経とつながった感覚毛をもつ**「クプラ」**※という器官が位置しています。クプラはリンパ液の動きに応じて揺れ動きます。クプラは感覚毛をもった感覚細胞の集まりで、感覚毛の動く方向を脳に伝えているのです。

三半規管の下には、**「卵形のう」**と**「球形のう」**というふくらみがあり、この部分を**「前庭」**といいます。卵形のうには、感覚毛をもった感覚細胞が水平に分布し、球形のうには垂直に分布します。感覚毛の上には耳石がびっしりとのっていて、**直線運動の情報**を脳に伝えます。こうした情報を脳で処理し、ヒトは平衡を保つのです。

※クプラ（cupula）は、ドーム状の山の頂という意味。

平衡感覚を担う三半規管と前庭

平衡感覚のしくみ

三半規管の役割

3つの輪が直角に配置されており、脳で情報を統合して、頭の回転方向を感知する。

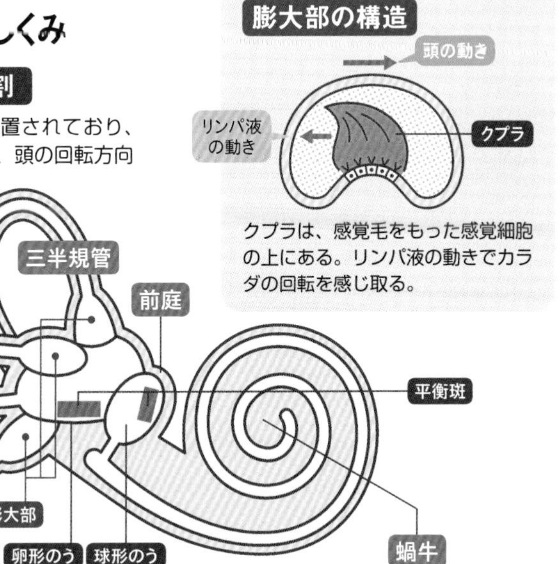

前庭の役割

卵形のうと球形のうという2つのふくらみの中に、それぞれ平衡斑（平衡感覚の受容器）があり、直線運動を感知する。

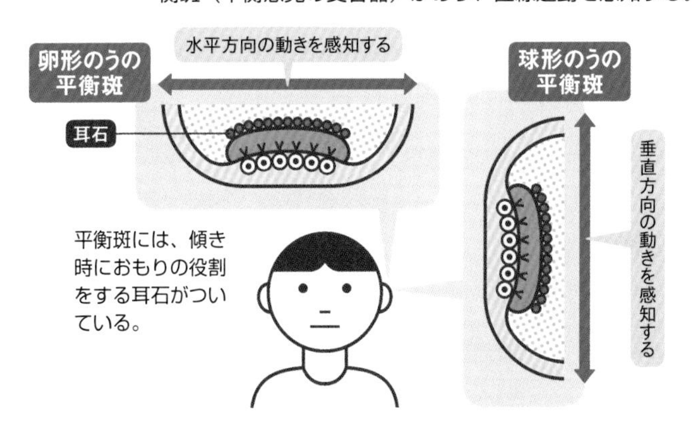

36 ［鼻］「匂い」って何？良い・悪いの違いとは？

匂い物質を鼻腔に並んだ**嗅細胞**が感じ取る。
良し悪しは「**本能**」と「**学習**」から判断！

私たちは匂いをどう感じているのでしょうか？　匂いの感覚を**嗅覚**といいます。鼻は呼吸のための出入り口ですが、**嗅覚の感覚器**でもあります。鼻の奥には、左右に仕切られた、鼻腔という空間があります。鼻腔の壁は粘膜でおおわれ、常にぬれています。鼻腔の天井には嗅上皮という組織があり、匂いを感じる受容体が並んでいます。これを嗅細胞といい、500～1,000万もの数にのぼります。

匂いの出ているものからは、**「匂い物質」**（匂いの分子）が空気中に飛散しています。鼻腔に入った匂い物質は、嗅細胞の先にある嗅繊毛でとらえられます〔図1〕。**嗅細胞にはさまざまな種類があり、特定の匂いの分子を受容できる形になっています**。受容した匂いの分子の組み合わせと、分子の量により、匂いの違いが感じられるのです。ヒトは数十万種類の匂い物質をかぎ分けられるそうです。

良い匂いと悪い匂いはどう判断しているのでしょうか。匂いを感じたとき、ヒトは先天的・本能的な**「快・不快」**の反応と、後天的・経験的な**「好き嫌い」**の反応が合わさります。私たちは腐った危険な匂いがすれば顔を背け、自分の好物の匂いには鼻を近づけますよね。匂いに対する**「本能判断」**と、記憶をもとにした**「学習判断」**を脳内で瞬時に行い、匂いの良い悪いを評価しているのです〔図2〕。

嗅細胞が匂いを電気信号に変換

嗅覚のしくみ〔図1〕

鼻の穴から入った匂い物質は、嗅粘膜の嗅細胞でとらえ、それを電気信号に変換し、神経を通じて脳の嗅覚野に送られる。

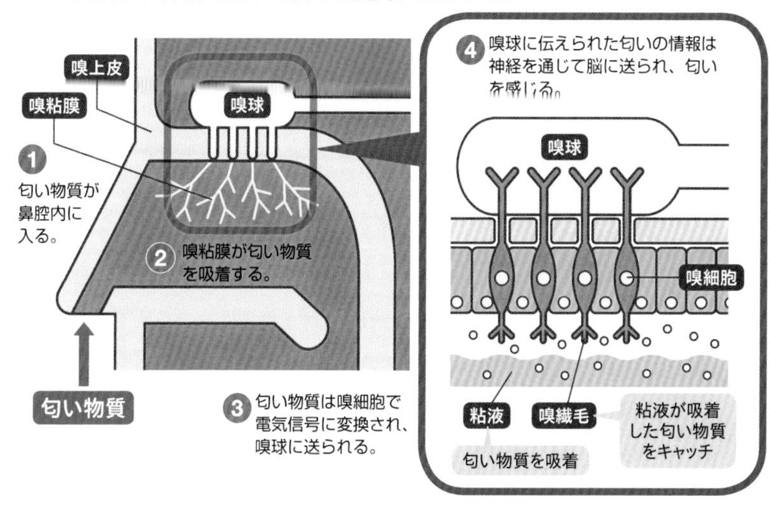

良い匂いと悪い匂いの違いは？〔図2〕

本能判断と学習判断から、匂いのイメージは脳でつくられる。嗅覚はほかの感覚より速く情報が伝わるため、匂いに対してカラダは瞬時に反応する。

37 ［舌］「味」はどうやって感じている？

舌の味蕾（みらい）で味を感じる。「**多感覚知覚**」である味覚は、**記憶などからも影響**を受ける！

味は舌で感じます。そのしくみはどうなっているのでしょうか？

舌には**「味蕾」**と呼ばれる味細胞が数十個集まった器官があり、**味覚情報はここでとらえられます**。味蕾は、舌以外の口の粘膜にもありますが、全部で約6,000～7,000個ある味蕾のうちの約80％が舌にあります。舌の表面には**「舌乳頭」**（ぜつにゅうとう）という、つぶつぶの突起が並んでいて、この舌乳頭の側面に味蕾があります〔図1〕。

食べ物から水や唾液にとけ出した物質が、味蕾の味細胞を刺激し、それが電気信号となって神経を通じて脳に伝わります。味覚本来の役割は、口に入れたモノがカラダにとって栄養か毒か判断すること。**栄養だとおいしく、毒だとまずく感じるようにできている**のです。

味覚は、嗅覚、視覚、聴覚、触覚に影響される「多感覚知覚」でもあります。鼻をつまんでチョコを食べても、チョコの味を感じませんよね。味覚が嗅覚から影響を受けているために起こる現象です。

また**味覚は、年齢やカラダが必要としているものによって変化し、好みの味が変わっていきます**。代謝が盛んな子どものころに、カロリーの高い甘いお菓子を好むのはそのためです。一方で、苦くて飲めなかったコーヒーやビールが大人になると飲めるようになるのは、味蕾の変化が原因のひとつと考えられています〔図2〕。

年齢とともに味覚は変化する

味覚のしくみ〔図1〕

水や唾液で溶け出した食べ物が味蕾の味細胞を刺激、電気信号に変換され、神経を通じて脳の味覚野に送られる。

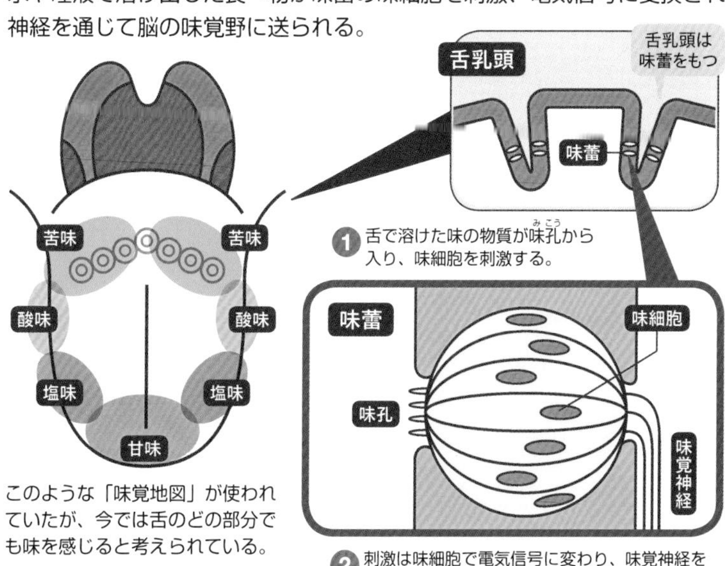

このような「味覚地図」が使われていたが、今では舌のどの部分でも味を感じると考えられている。

2 刺激は味細胞で電気信号に変わり、味覚神経を通じて脳に送られ、味を感じる。

なぜ味覚は変わる？〔図2〕

20歳ごろをピークに味蕾は数も感度も変化する。さらに味覚は経験でも変化していく。

38 ［体温］ ヒトはどうやって体温を調節している？

体温には「**皮膚温**」と「**深部体温**」があり、**皮膚温で深部体温を調節**している！

体温には、**「皮膚温」**と**「深部体温」**とがあります。私たちが体温といって、わきの下などで短時間で計測するのは皮膚温。深部体温は肛門や鼓膜で計測します。**深部体温は脳や内臓などの温度で約37度に保たれています**。これよりも低いと、消化酵素のはたらきが弱まるなど化学反応が滞ります。逆に42度を超えると、カラダのたんぱく質が凝固します。深部体温を一定に保つことは、生命維持に重要なのです。

皮膚温は、外気温の影響を受けて冷えたり熱くなったりします。

外が寒くて皮膚温が下がると、皮膚の表面の血管が収縮し血液の量が減り、深部体温が下がらないようにしています。また皮膚内の立毛筋も収縮して鳥肌になります。

外が暑くて皮膚温が上がると、皮膚の下の血管が広がり血流は増えます。そうすることで熱を放出し、体温を下げるのです。皮膚の汗腺（かんせん）から汗が出て、汗が蒸発するときに熱を奪うため、皮膚温は下がります。**皮膚がこうした温度変化に対応することで、深部体温ができるだけ一定になるようにガードしている**のです〔右図〕。

ちなみに、寒いとカラダが震えるのは体温を保つため。全身の筋肉を小刻みに震わせて、静止時より多くの熱をつくり出します。

外の気温に皮膚が反応して体温調節

皮膚の温度管理のしくみ

体内のたんぱく質が凝固しないよう、深部体温を守るためのしくみがある。

外気が寒いとき

血管が収縮して皮膚の血流量が減り、熱が逃げにくくなる。立毛筋が収縮して毛のまわりの皮膚が盛り上がり、鳥肌となる。

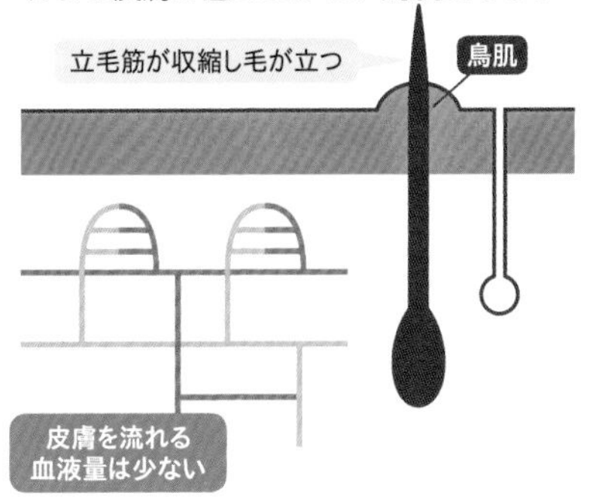

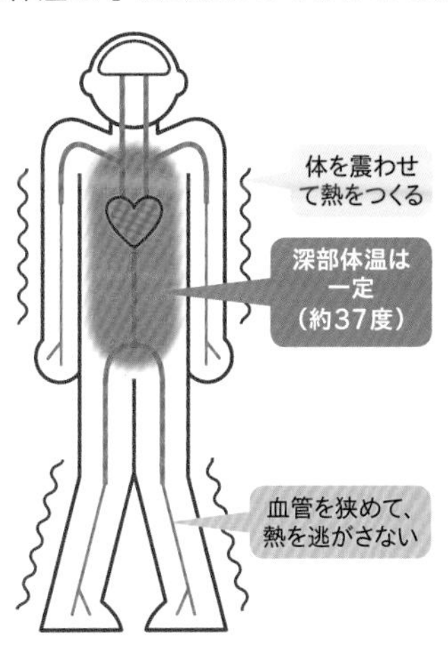

外気が暑いとき

血管が広がって皮膚の血流量が多くなって、熱が逃げる。さらに汗腺から出た汗が蒸発する際、熱を奪う（気化熱）。

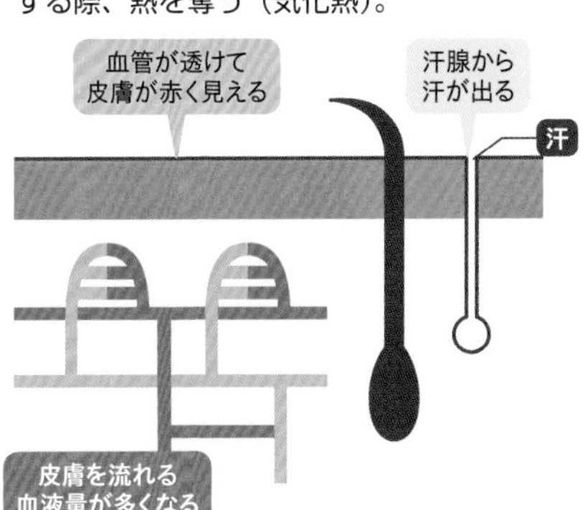

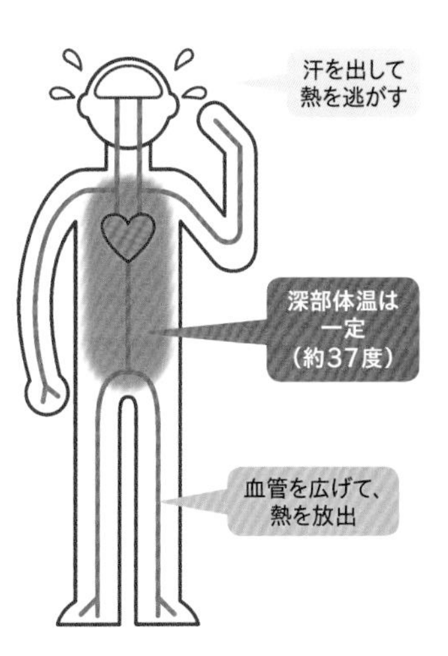

Q ヒトは何度ぐらいまでの体温なら生きていられる？

42度 or 45度 or 50度

熱が出るとカラダが重く、だるくなります。風邪で40度ぐらいまで上がるという話はよく聞きますが、一体、ヒトは、どのくらいまでの体温であれば耐えられるのでしょうか？

日本人の平均体温は、36.89度といわれます。体温は個人差が大きく一概にはいえませんが、成人の平熱（健康なときの体温）はだいたい36〜37度、子どもは成人よりやや高く、高齢者はやや低くなるようです。1日の中でも体温は変化します。風邪をひいたときなど、1度上がってもカラダがつらくなりますよね。このまま

体温が上がっていったらどうなるのか。どのくらいの体温まで、ヒトのカラダは耐えられるのでしょうか？　カラダの**「深部体温」**、つまり脳や内臓など、カラダ内部の温度を基準に考えてみましょう。

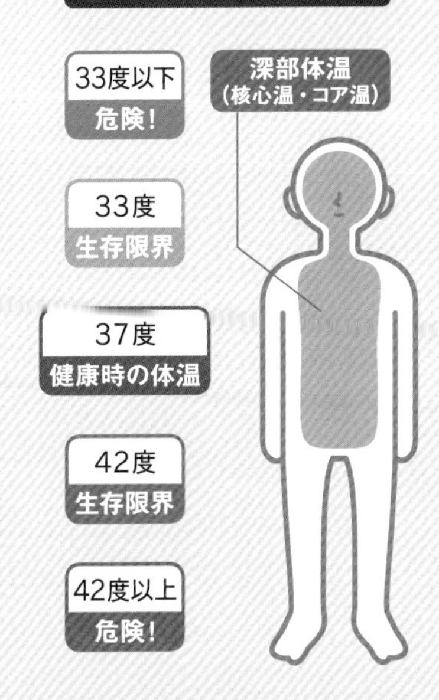

ヒトの生存可能な体温限界は、およそ33〜42度とみられています〔右図〕。**深部体温が42度以上になると、カラダを構成するたんぱく質が高温のために変化しはじめます**。カラダの20%はたんぱく質でできています。細胞や体内で化学反応をうながす酵素など、たんぱく質でできているものが高温で壊れてしまうのです。こうなってはヒトは生きていけません。45度以上になると、短時間でも死に至ります。つまり、ヒトが耐えられるのは、深部体温が42度までとなります。

逆に、体温が低くなると、カラダはどうなるでしょうか？

深部体温が35度まで下がると低体温症となります。体温調節のため、血管は収縮し、体が震えます。体温が32度まで下がると、震えはとまって意識障害が起こり、28度以下になると意識を失い、さらに体温が下がり続けると、死に至ります。適切な体温は生命維持に必須なものなのです。

ヒトの「皮膚」の役割は？

なるほど！ 外敵からカラダを守るのがおもな役割。
また、ビタミンDを活性化する役割もある！

「皮膚」は、どんな役割をもっているのでしょうか？

もっとも外側の**「表皮」**は、ケラチンという繊維状のたんぱく質をたくさん含んだ細胞で組織されています。この構造がバリアとなり、**外界からの細菌やウイルスや異物の侵入を防ぎます**。

表皮の最下層には、メラニン色素をつくるメラノサイト（色素細胞）という細胞があります。**メラノサイトからメラニンという色素を受け取った周囲の細胞は、有害な紫外線から皮下組織を守ります**。

表皮の下の**「真皮」**には、繊維があみ目状にはりめぐらされています。この組織によって、皮膚に強度と弾力が生まれ、外からの打撃で内部が損傷するリスクが減るのです。

そして、真皮の下には脂肪の層があります。この層は**「皮下組織（皮下脂肪）」**と呼ばれ、外気の熱や寒さから体を守ったり、クッションのように体を保護したりします。このように、いくつもの層でカラダを守るのが皮膚のおもな役割です〔図1〕。

皮膚にはもうひとつ、**ビタミンDを活性化するという役割**もあります〔図2〕。ビタミンDは、小腸でのリンとカルシウムの吸収を促進することから、骨を丈夫にするために必要な栄養素です。ビタミンDは、紫外線が皮膚に当たることで活性化されます。

太陽からの紫外線も遮断する

皮膚が体を守るしくみ〔図1〕

表皮、メラノサイト、真皮のはたらきによって人体を守る。

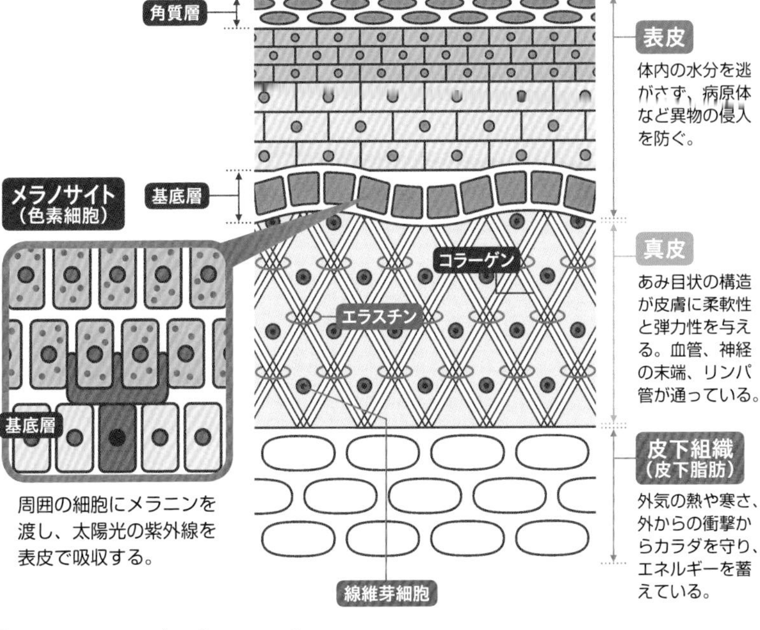

皮膚がビタミンDを活性化する〔図2〕

ビタミンDは、小腸でリンとカルシウムの吸収をうながすため、骨を強くするはたらきをもつ。適度な日光の紫外線は、皮膚でビタミンDを活性化するよいはたらきもある。

40 体内循環を整える?「腎臓」のしくみ

［腎臓］

なるほど!
血液中の老廃物が腎臓でろ過されて、尿となって体外に排出される!

腎臓は尿をつくる臓器ですが、どのようなしくみなのでしょうか?
ヒトは、たんぱく質や糖質、脂質を使って活動しています。たんぱく質を利用したあとにできた老廃物や有害物質は、腎臓で血液中からふるいにかけられろ過され、尿となって体外に出されます。**腎臓は尿をつくることで、血液をきれいにしている**のです〔図1〕。

腎臓には、**余分な水分を出すはたらき**もあります。このとき、カラダに必要な水分に合わせて、腎臓は尿の量を変化させます。例えば、運動して汗をたくさんかいた場合、必要以上の水分が失われないように、尿の量は少なくなります。

塩分を摂り過ぎ、血液中のナトリウムが多くなると、尿のナトリウム排泄も増えます。これは、腎臓が血液中のミネラル濃度も調節するため。腎臓には、**カラダの水分とミネラル量のバランスを調節し、カラダを健康に保つはたらき**もあるのです〔図2〕。

「肝腎」という言葉があるように、ヒトにとって、肝臓と腎臓はかけがえのない大切な臓器です。もし腎臓のはたらきが悪くなって、機能がほぼ失われた場合は、腎臓移植か、カラダの血液を浄化するはたらきを腎臓に代わって行う**「人工透析（とうせき）」**という治療法を行うことになります。

水分とミネラルのバランスをとる

腎臓のろ過のしくみ〔図1〕

腎臓は、血液中の老廃物や余分な水分、塩分などをろ過し、尿をつくり出して血液をきれいにする。

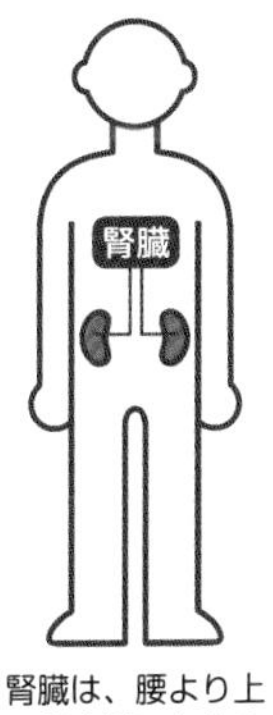

腎臓は、腰より上の背中側に左右2個ある。

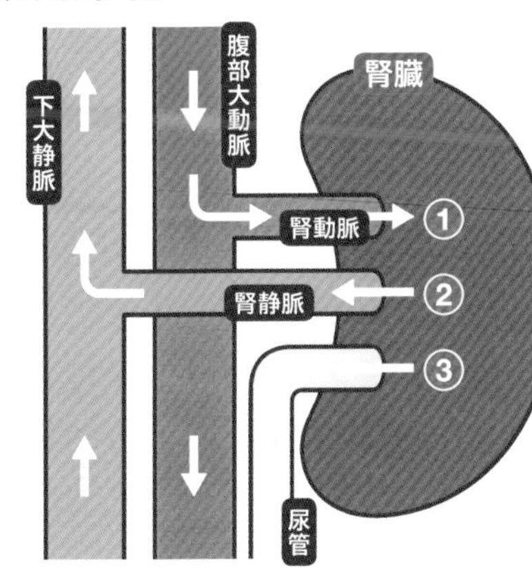

① 動脈を通じて、腎臓に送られた血液はろ過される。

② きれいになった血液は静脈を通って心臓に戻る。

③ こし取られた老廃物などは、尿として体外に出される。

腎臓のおもなはたらき〔図2〕

水分量の調節

汗をたくさん流したときは尿の量を少なくして、体内の水分量のバランスを調整する。

ミネラル濃度の調節

塩分の多い食事をすると、腎臓は血液中のミネラルなど電解質の濃度も調節する。

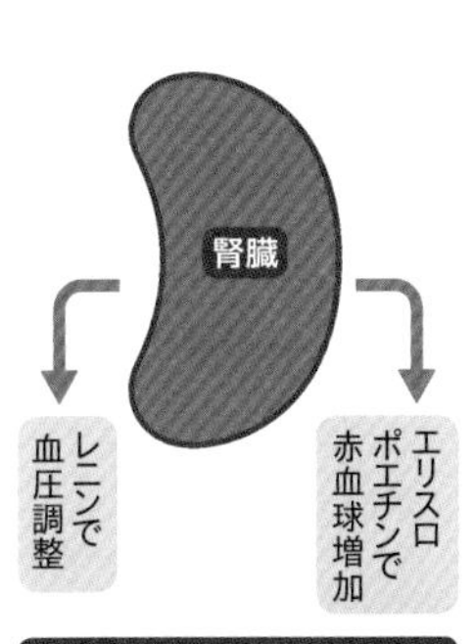

ホルモンを分泌

腎臓からは、赤血球を増やすホルモンや、適切な血圧になるよう調節するホルモンも分泌される。

41 ［肝臓］ 酒を飲み過ぎると肝臓がやられる？

多量の飲酒で**中性脂肪**などが溜まり、**肝臓がダメージ**を受ける！

お酒の飲み過ぎは、肝臓によくないといわれますね。アルコールによって、肝臓はどう変化していくのでしょうか？

肝臓はいろいろなはたらきをもつ臓器です。消化器官から取り込んだ飲食物の**栄養分を分解して、利用しやすい形に合成し、貯蔵するはたらき**もそのひとつ。摂取エネルギーが消費エネルギーを上回ったとき、余ったエネルギーは中性脂肪などに合成され、内臓脂肪や皮下脂肪、そして肝臓に蓄えられます。

毎日大量にお酒を飲むと、肝臓はアルコールの処理に追われます。アルコール性肝障害が起きたり、脂肪肝になったりします。脂肪肝は目立った自覚症状があまりないため、大量の飲酒を続ければ知らずに肝臓の病気は進んでいきます。

また肝臓には、**アルコールなどの毒の処理をするはたらき**もありますが（➡P36）、お酒を飲みすぎると処理が追い付かず、**毒性の高いアセトアルデヒドが血液中をめぐる**ため全身に悪影響がでます。

脂肪肝の状態から多量の飲酒を続けると、肝臓の細胞が炎症を起こす**アルコール性肝炎**に。過剰な飲酒を止めなければ、**肝硬変**へと悪化します。脂肪肝は禁酒で治りますが、肝硬変は肝臓が不可逆的に線維化してしまうため、正常に戻りにくくなります。

長期間大量の飲酒で肝臓の炎症が進行

飲み過ぎるとカラダはどうなる？

お酒を飲み過ぎると、肝臓にたくさんの脂肪が溜まってアルコール性脂肪肝になる。また、肝臓でのアルコールの分解が追い付かずに、肝臓にダメージが蓄積する。

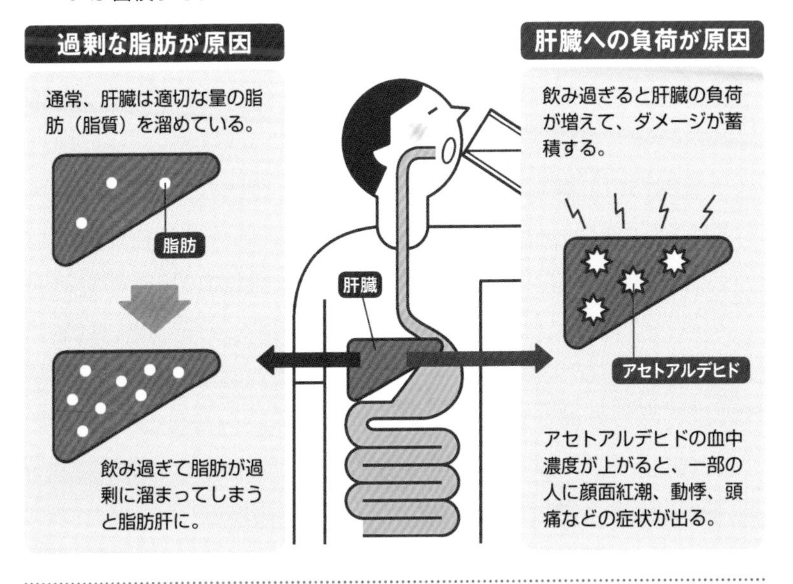

肝臓に脂肪が溜まると…

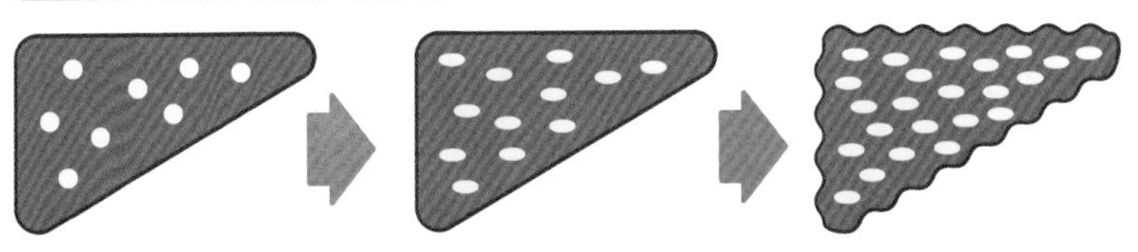

大量に飲酒し肝細胞に脂肪が過剰に溜まると「アルコール性脂肪肝」に。

慢性的に大量飲酒が続くと肝細胞に炎症が起こり「アルコール性肝炎」に。

炎症が続いて健康な肝細胞が減り、線維化が進むと「肝硬変」に。

42 ［胃腸］ 「屁」とは何か？ おならのしくみ

食べ物と一緒に飲み込んだ空気と、腸内で消化時に出るガスが「おなら」のもと！

誰もが出てしまう「おなら」。「屁」ともいいますが、どういうしくみで出るのでしょうか？

おならの正体は、食事と一緒に飲み込んだ空気と、腸内細菌（➡P124）がつくり出すガスです。1日に、大人で平均0.5〜1.5リットルものおならが出ます。飲み込んだ空気は、いずれおならとして出ていきます。食べ物と一緒に飲み込んだ空気は臭くないのですが、消化のときにできるガスは腸内細菌のつくるガスをともなうため、これが悪臭の原因となります〔右図〕。

臭いガスは、ウェルシュ菌などの腸内の有害菌が、食べ物のかすを分解するときにできます。肉はたんぱく質が多く、分解されるときに臭いおならが出やすくなります。腸内細菌によっては、おならを臭くするだけでなく、有害物質もつくり出します。

おならのおもな成分は**窒素、水素、酸素、硫化水素、二酸化炭素、メタンガス**などです。腸内細菌を健全に保つと、おならの臭さは減ります。

また、発酵食品や水溶性食物繊維をとることで、おならや大便の匂い、大便の硬さを適切に保つことができます。そして体調を整え、大腸がんなどの予防にもなるのです。

臭いおならと臭くないおならがある

おならのしくみ

腸内細菌の種類によって、分解したときに出るガスの匂いは異なる。

おならが出るまで

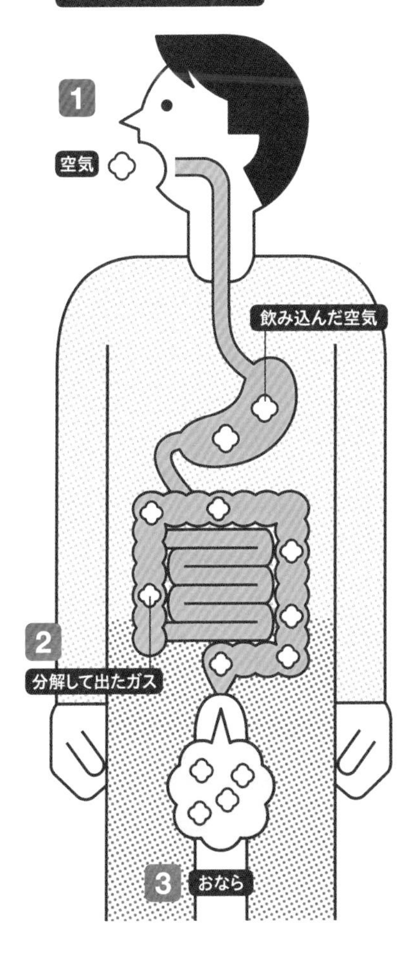

1 おならの成分のほとんどは、食べたときに飲み込んだ空気。

2 食べ物のかすは、腸内細菌によって分解され、ガスが出る。

3 分解して出たガスと空気が混じったものが「おなら」として排出される。

臭くないおなら

腸内の有用菌は、豆や芋に含まれる食物繊維をエサに増えるため、匂いは臭くならない。

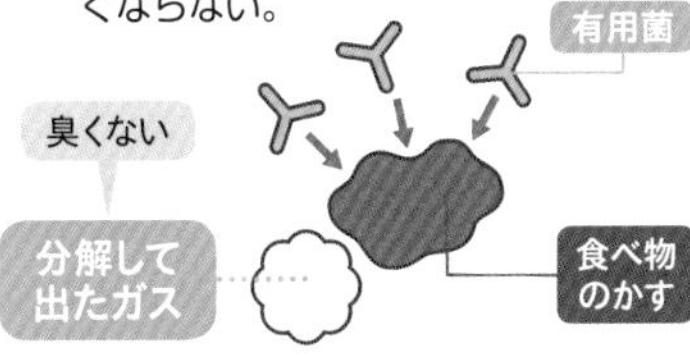

臭いおなら

腸内の有害菌は、肉や揚げ物をエサに増えるため、臭い匂いの原因に。

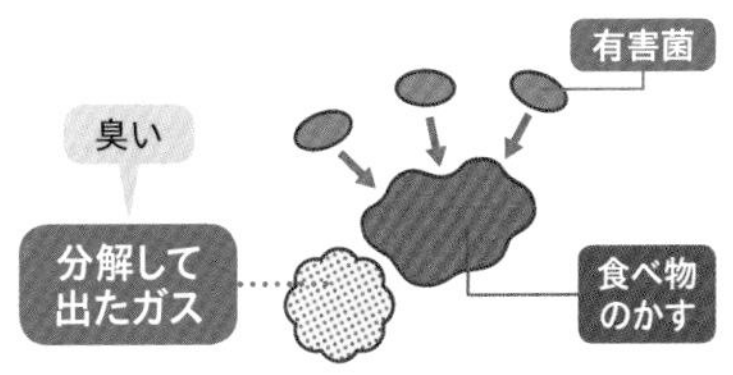

43 ［呼吸］ しゃっくりって何？ なぜ出るの？

なるほど！ 横隔膜(おうかくまく)が突発的にけいれんして、「ヒック」と音が出る現象！

しゃっくりって、どうして出るのでしょうか？

しゃっくりは、おもに肺の下にある横隔膜（ほかの呼吸補助筋肉のこともある）**の突発的なけいれんによって、「ヒック」と音が出る現象**です〔図1〕。熱いものや刺激物を飲み込んだときや、早食い、一気飲み、大声や大笑いしたときに起こりやすいですが、食道や肺の病気、胃腸の障害、尿毒症、脳腫瘍、アルコール中毒などの病気が原因となって起こることもあります。

横隔膜がけいれんするのは、**迷走神経※と横隔神経が関わっているとされますが、よくわかっていません**。呼吸を止めたり、急に驚かされたり、冷たい水を飲んだりすることで、しゃっくりが収まるという話を聞きます。これは長年のヒトの経験則のようなもので、止まることもあるのですが、**効果は状況によります**〔図2〕。

しゃっくりが２日以上続くときは、医師の診察を受けた方がよいでしょう。病院では原因の除去・治療、ひどいときは投薬・外科治療を含めた対処療法を行います。**「しゃっくりが１００回続くと死ぬ」という迷信がありますが、嘘です**。しゃっくりが続くときには大きな病気が隠れている恐れがある、ということを注意するための、先人の知恵かもしれません。

※迷走神経…脳の延髄から出ている脳神経のひとつ。頭部、頸部、胸部、腹部に分布。

しゃっくりは横隔膜のけいれん

しゃっくりの出るしくみ〔図1〕

しゃっくりは、突発的な横隔膜のけいれんによって音が出る現象。

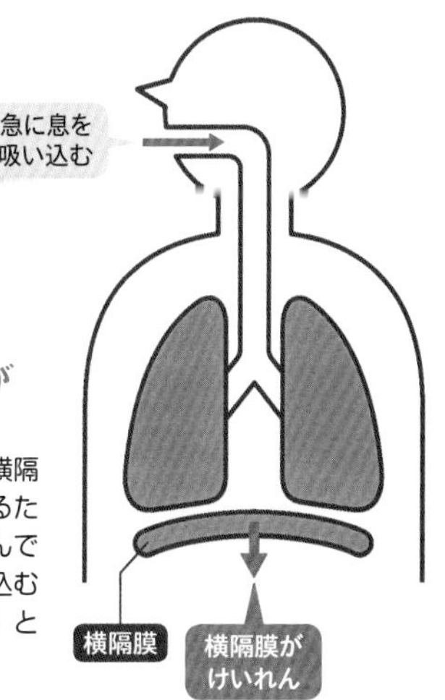

1 カラダを刺激

「飲酒」「熱い＆冷たい飲食物」などがカラダに刺激を与えると、しゃっくりが誘発されやすい。

2 横隔膜がけいれん

刺激によって、横隔膜が急に収縮するため、肺がふくらんで急速に息を吸い込むことで「ヒック」という音が出る。

しゃっくりの止め方は？〔図2〕

ヒトがつちかった長い経験から、経験的なしゃっくりの止め方がいろいろ工夫されてきた。

● しばらく呼吸を止める

● 冷たい水を少しずつ飲む
● うがいをする

● 胸にひざを引き寄せる
● 前かがみになる

44 ［カラダ］ カラダに60%以上も? ヒトの「水分」のしくみ

細胞内液と、組織液や血しょうやリンパ液などの**細胞外液**がある!

成人の体重のうち60%は水分だといわれています。実際ヒトのカラダのどこに、こんなに多くの水分が入っているのでしょうか?

ヒトの水分は、細胞内液と細胞外液に分けられます。細胞内液は、カラダを構成する1つひとつの細胞の中にある水分。細胞外液は、血しょうなど細胞膜の外側にある液体。カラダの内部環境を一定に整えるため（ホメオスタシス➡P132）、**細胞内液は体液のうち3分の2、細胞外液は3分の1**と、体液のバランスは一定に保たれます。

水分の割合は、幼児、成人、老人で違い、幼児は体重の70%、老人は体重の50%と、若い人の方が水分の割合が高くなっています〔右図〕。老人の体液の割合が低いのは、さまざまな組織の水分量の減少によるため。若いほうが、カラダがピチピチしているのです。

成人の場合、1日に排出する水分は、呼吸や発汗の約0.9リットル、排尿・排便の1.6リットルを合わせた約2.5リットル。そのため、**1日に約2.5リットルの水分を補給する必要**があります。平均的な食事で約1リットル、体内でつくる水分で約0.3リットルが摂れるため、残りの約1.2リットルを飲み物から摂ろうと、厚生労働省は勧めています。排出量と摂取量のバランスが崩れて水分が不足すると、脱水症や熱中症の原因になります。

水分量バランスを維持するのが大事

ヒトの水分の割合

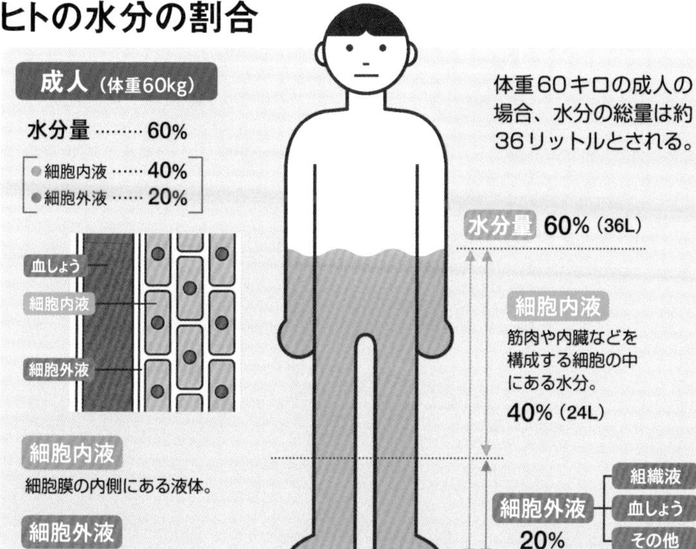

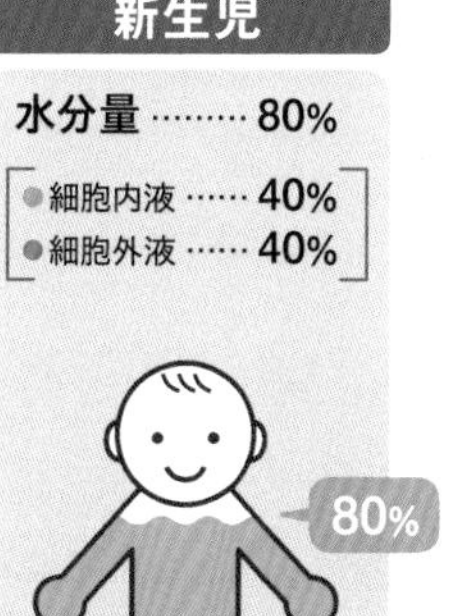

幼児

水分量 ……… 70%

- 細胞内液 …… 40%
- 細胞外液 …… 30%

70%

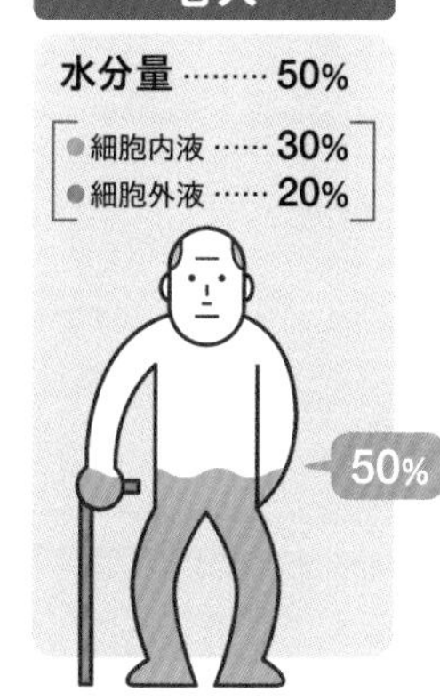

Q 水だけでヒトは どのくらい生きられる？

1週間くらい or 3〜4週間くらい or 2か月くらい

山や海で遭難したヒトが、食料がなくて水だけ飲んで何日か後に救出されて助かった…といった話を聞きます。はたしてヒトは、食料なしに「水だけ」で何日くらい生きられるのでしょうか？

ヒトは、**食べ物から栄養がとれなくなると、体内に蓄積されている糖質と脂質を消費して生命を維持していく**ことになります。まず、糖質のほうが脂質より代謝効率がよいので、体内にある**ブドウ糖**をエネルギー源として消費していきます。肝臓に貯えられているグリコーゲンをブドウ糖にして消費します。

ブドウ糖を使い切ると、今度は**脂質**を消費し始めます。カラダに貯えられた脂肪細胞が脂質を放出し、それがミトコンドリア（細胞内でエネルギーを生み出す器官）によって分解され、エネルギーに変えられていきます。**筋肉などもエネルギー源**として使います。このようにして、水だけで３～４週間くらいは生きることができるようです。ちなみに、水に加えて塩（ミネラル）や飴（糖分）も摂取できれば、生存期間はぐんとあがります。

「水なし」の場合も考えてみましょう。ヒトのカラダの中の水分は、体重の約60％です。細胞内液や血しょう、リンパ液、消化液など、水分はカラダのすみずみをめぐって栄養分を運んだり、老廃物を排泄したりします。

またヒトは、尿や大便や呼吸などにより、１日に約2.5リットルの水分を排出しています。これを補うために同量の水分を補給し、体内の水分量を一定に保っているのです。

もし、水が飲めないという状況におかれると、体内の水が不足し、カラダの活動の維持がむずかしくなり、数日ももたずに死んでしまうといわれています。

ヒトは何も食べないと…

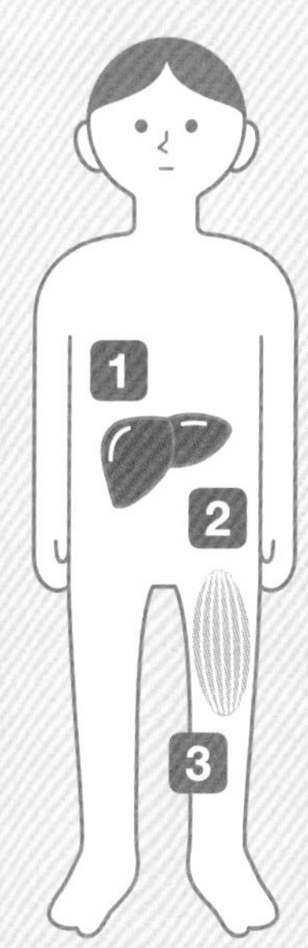

1 糖質を消費

肝臓が貯えるグリコーゲンをブドウ糖に変えて、エネルギーにする。

2 脂質を消費

カラダが貯える脂肪細胞が脂質を放出。細胞内で分解され、エネルギーにする。

3 その他から

筋肉が貯えるグリコーゲンをブドウ糖に変えて、エネルギーにするなど。

45 ［歯］ 虫歯はどうしてできるのか?

口内細菌によって糖が分解され酸が出て、歯のカルシウムが溶かされるから!

虫歯は、歯に残った食べかすが細菌を増やし、その細菌が酸性物質をつくることで起こります。口の中の細菌は集まって歯垢をつくります。細菌は糖を分解して酸をつくり、その酸が歯のカルシウムを溶かし、歯に穴を開けるのです〔図1〕。

虫歯になると、まず歯の**エナメル質**に穴があき、その穴が**象牙質**に達すると冷たいものが歯にしみるようになります。虫歯が**歯髄（歯の神経）**に達すると、強く痛むようになります。さらに虫歯が進行すると、歯が崩壊して歯根だけが残った状態に。歯根からまわりの組織に細菌が感染し、歯の根を支える組織が炎症を起こすことも。一般的に、**エナメル質の貫通まで２～３年、象牙質の貫通は、そこから約１年かかる**とみられています〔図2〕。

歯垢を放っておくと唾液の成分と反応して歯石となり、歯や歯茎に炎症をおこす**歯周病**の原因となります。歯周病は、歯の問題だけでなく糖尿病を悪化させたり、全身に悪影響をおよぼします。

唾液には細菌を洗い流したり、唾液に含まれるカルシウムでエナメル質を修復する**「再石灰化」**という役割があります。そのため、歯が傷ついてエナメル質の表面が溶け出した段階なら、再石灰化で虫歯は治ります。歯の表面は、常に再生が行われているのです。

虫歯を放っておくと歯を失うリスクに

虫歯のしくみ〔図1〕

虫歯になるまでには、いくつかの段階がある。

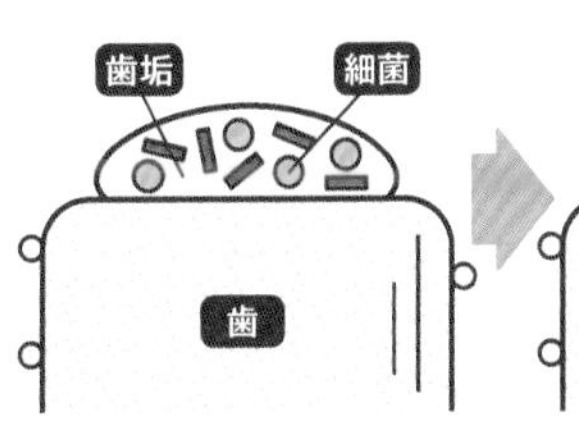

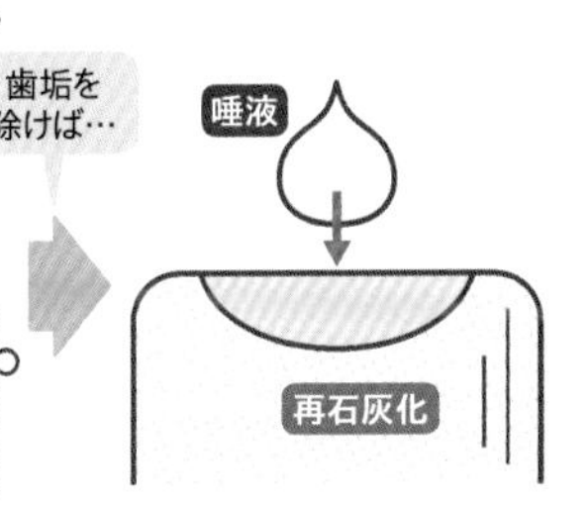

1 歯垢が溜まる

細菌が糖からねばねばした物質をつくり、細菌の塊「歯垢」をつくる。

2 酸で歯を溶かす

歯垢の中で細菌が糖を分解して酸をつくり、歯の表面を溶かす。

3 唾液で再石灰化

唾液の石灰分が溶けた歯を治す。その前に酸でダメージを受けると虫歯に。

虫歯とは〔図2〕

虫歯は、口の中にいる細菌が出す酸によって歯のカルシウムが溶けて、歯に穴が開く病気。進行すると歯を失ってしまう。

虫歯の進行

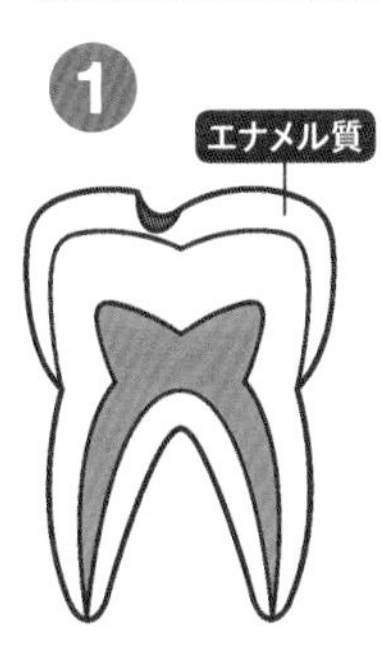

エナメル質に穴があく。

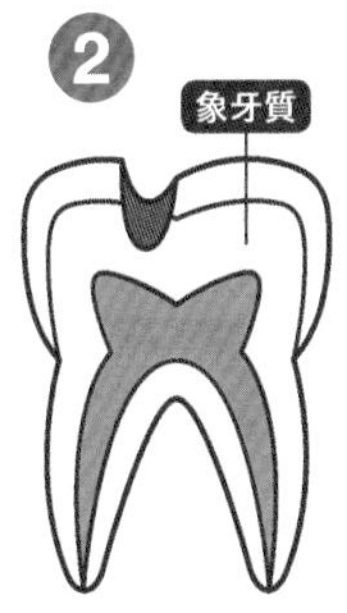

穴が象牙質に届く。冷たいものが歯にしみる。

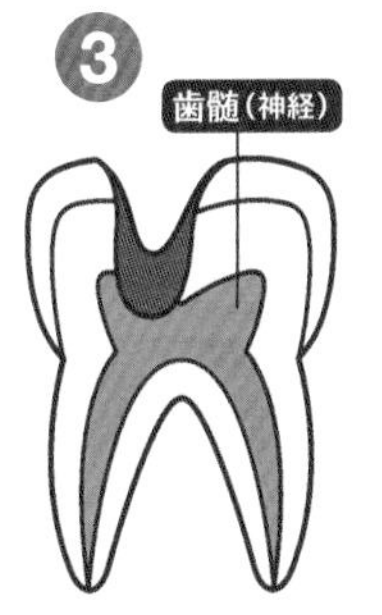

穴が歯髄に届く。激しく痛むようになる。

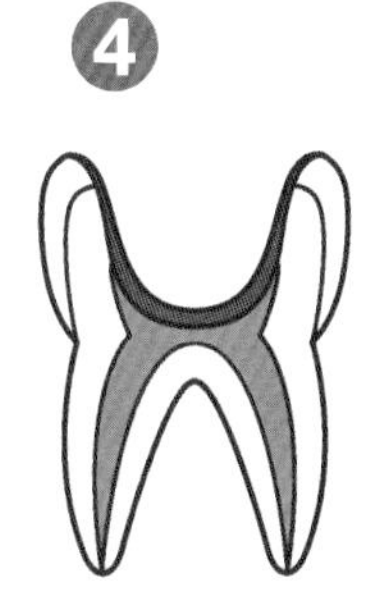

歯の根の先端が化膿し、歯が崩壊し、やがて歯を失う。

46 ［胃腸］ 食べ物の栄養はどうやって吸収される？

栄養はおもに「小腸」で吸収される。
表面積はテニスコートぐらいある器官！

私たちは、食事をすることで栄養を摂取している…のですが、この「栄養」は、ヒトのどの器官で、どうやってカラダに吸収されているのでしょうか？

栄養は、「小腸」でおもに吸収されます。小腸は、太さは数センチほどで、長さは6～7メートルもあります。**「十二指腸（じゅうにしちょう）」「空腸（くうちょう）」「回腸（かいちょう）」**の3つの部分からなる器官です〔右図〕。

小腸は、食べ物を消化して、栄養を吸収します。**消化・吸収は腸全体で行われますが、栄養分はおもに小腸で吸収されます**。

小腸の内側の粘膜には輪状のひだがあり、さらにこのひだの上に**「絨毛（じゅうもう）」**と呼ばれる細かい毛のような突起が、栄養を吸収します。この絨毛の表面は、さらに細かい微絨毛でおおわれています。

絨毛は高さ0.5～1ミリほどの突起です。微絨毛の細胞膜には消化酵素がたくさんあり、**栄養を細胞膜が通過できるサイズの分子の大きさにまで分解**して吸収します。絨毛の中には、毛細血管とリンパ管があり、絨毛が吸収した栄養が入っていきます。

ちなみに、微絨毛の表面積は、体表面の100倍以上もの広さになり、これは**テニスコート1面分**にもなります。この広い面積を使って、小腸は栄養を吸収しているのです。

小腸とは十二指腸、空腸、回腸のこと

小腸の役割

小腸では食べ物の消化と栄養分の吸収を行う。消化は十二指腸と空腸で、栄養分の吸収は小腸全体で行われる。

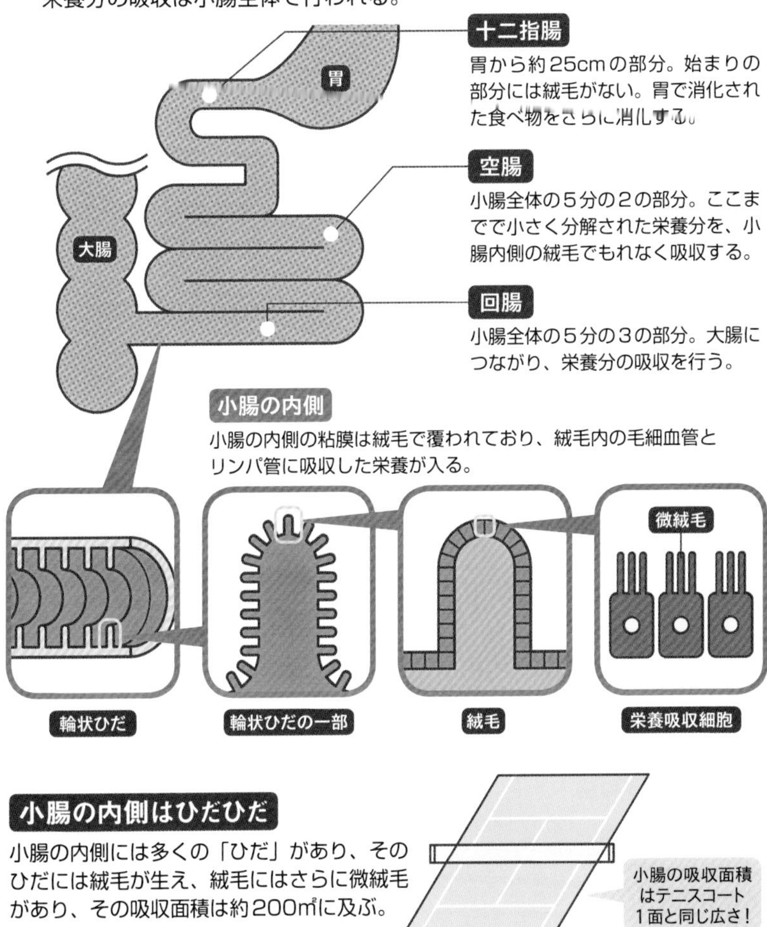

47 ［胃腸］ なぜ寝ていても食べ物は胃に届く?

食道の**筋肉の運動**によって、食べ物が**胃に運ばれる**から!

口から入った食べ物は、なぜちゃんと胃まで届くのでしょうか？

食道は長さ25センチほどで、左右が直径2センチほどの細長い管です。**食べ物は、重力と食道の筋肉の収縮による蠕動運動によって胃に運ばれます**。たくさん食べるときには重力の助けが必要ですが、少量なら横になっていても、口に逆流せず胃に送られるのは蠕動運動のためです〔図1〕。ちなみに、胃も腸も蠕動運動で食べ物を先に送ります。食道から送られた食べ物は、胃に貯えられます。ここで**食べ物と胃液は、胃の蠕動運動によってよく混ぜ合わされ、おかゆのようになっていきます**〔図2〕。

胃液は強い酸性の塩酸が含まれ、殺菌作用もあるとても強力なものです。なぜ胃液で胃は溶けないのでしょうか？　それは、胃の粘膜から分泌される粘液によって、胃の内側が守られているからです。粘液による保護は完璧ではないため、胃酸で胃粘膜を消化してしまうこともあります。**胃の粘膜が炎症を起こしたり、傷ついた状態が胃炎や胃潰瘍**です。

胃炎や胃潰瘍は、粘液の中にすむ**「ピロリ菌」**と呼ばれる細菌の感染で悪化します。この細菌は胃の中にすんでいることがあり、胃のさまざまな病気の原因として知られています。

蠕動運動で胃液と食べ物を混ぜる

食道のしくみ〔図1〕

食べ物が食道に入ると、蠕動運動という筋肉の収縮によって食べ物が先に送られる。これは腸でもみられる運動で、腸管運動ともいう。

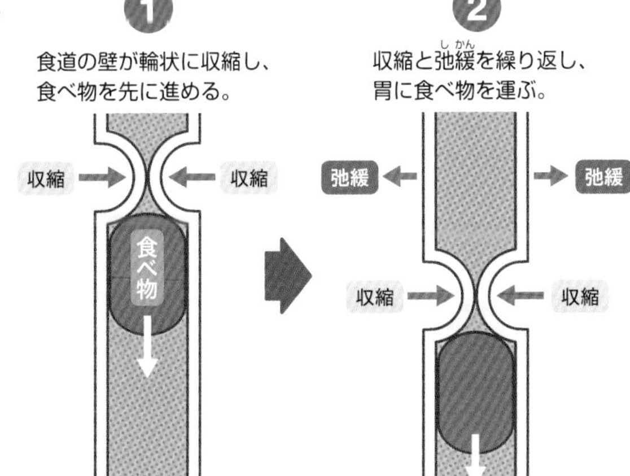

胃の蠕動運動〔図2〕

胃は容量が1.5リットルほどある袋のような臓器で、蠕動運動によって食べ物は胃液と混ぜ合わされ、かゆ状になる。

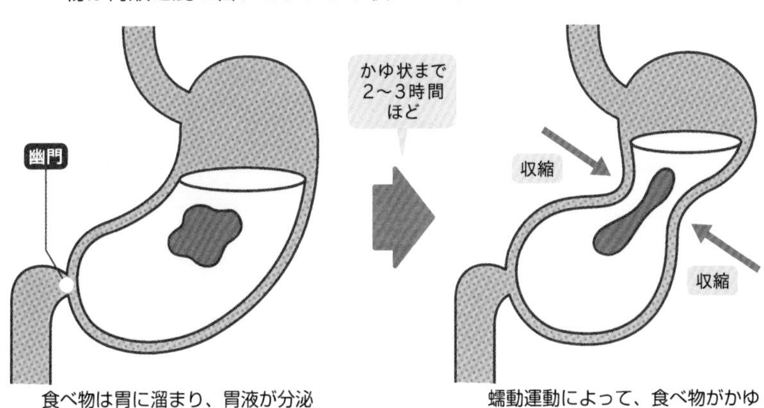

食べ物は胃に溜まり、胃液が分泌される。このとき、胃の出口（幽門（ゆうもん））は閉じている。

蠕動運動によって、食べ物がかゆ状になると、幽門が開いて腸に送られる。

48 ［胃腸］ 腸内細菌って何？どれぐらいいるの？

それぞれのヒトに特徴的な、約100兆個の細菌が腸内にすんでいる！

実はヒトは微生物と共存して生きています。**ヒトの腸内には、約100兆個の「腸内細菌」という細菌が暮らしています**。腸内細菌は、腸に入ってきた食べ物を分解してできる栄養を食べて生きています。その結果、乳酸や酢酸、ビタミンがつくられたり、腸内環境を整えたりしています。〔図1〕。

腸内細菌は、数百種類以上という多様な細菌から構成されています。**カラダの健康に良い「有用菌」**と、**健康に良くない「有害菌」**、**その中間的な「日和見菌（ひよりみきん）」**がそれぞれ種類や数のバランスを保って生息しているのです〔図2〕。これら腸内細菌がすんでいる分布は、腸の中の「お花畑」という意味から**「腸内フローラ」**とも呼びます。

ふだんは有用菌が日和見菌のバランスを保ち、カラダに悪い有害菌が増えるのを防ぐようにはたらきますが、そのバランスが崩れると、有害菌が増えて腸内環境が悪化し、体調が悪くなります。腸内環境のバランスが崩れるのは、偏った食事、ストレスの多い生活、腸の炎症や加齢も原因となります。

腸内細菌の構成はヒトそれぞれ違っており、暮らしている地域によってもバラバラです。この違いが、ヒトそれぞれの体質の違いにも関係しているといわれています。

腸内細菌の構成はヒトそれぞれ

腸内細菌のおもなはたらき〔図1〕

腸内にすむ細菌は、大きくヒトの健康に良い「有用菌」、ヒトの健康に悪い「有害菌」、中間的な「日和見菌」に分けられる。

感染の防御

バランスのとれた腸内環境をつくることで、腸内の「粘膜免疫」をはたらかせる。

食物繊維の消化

腸内細菌が食物繊維を消化し、間接的に有用菌を増やすはたらき。

ビタミン類の産生

有用菌は、健康維持に必要な栄養素であるビタミン類を生みだす。

腸内細菌のバランス〔図2〕

有害菌が優性だと…

＝腸内はアルカリ性に
＝有用菌が増殖しにくい

ウェルシュ菌
タンパク質を腐敗させ、ガスや毒素を発生、下痢などの原因に。臭いおならのもとになる。

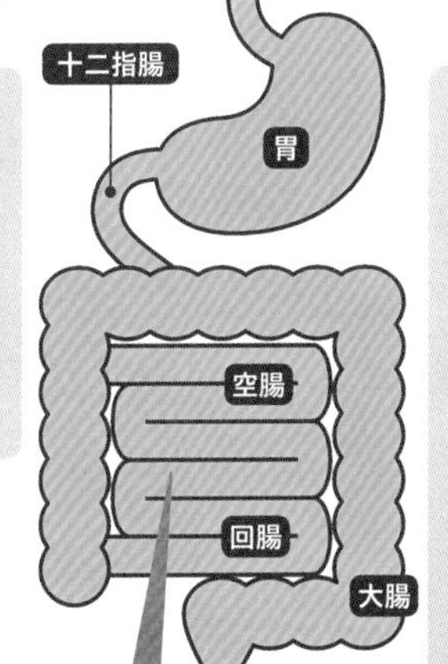

有用菌が優性だと…

＝腸内は酸性に
＝有害菌が増殖しにくい

ビフィズス菌
糖を分解して乳酸や酢酸をつくり、有害菌の増殖を抑える。有用菌の大半を占める。

乳酸菌
糖を分解し乳酸をつくって腸内を酸性にし、大腸菌など有害菌の増殖を抑える。

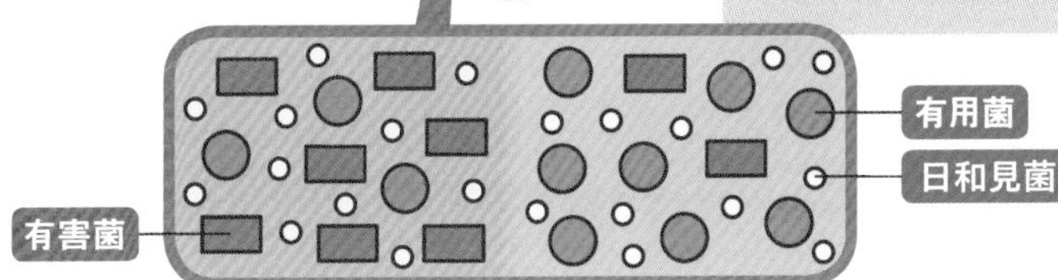

49 腸が「第2の脳」と呼ばれる理由は?

［胃腸］

なるほど!

腸は**独自の神経ネットワーク**をもち、
さまざまなはたらきで**自律的に活動**するから!

腸は食べ物を消化吸収する消化器官としてはたらきますが、ほかにも**病原体からカラダを守る免疫器官**、**ホルモンを分泌する器官**としてもはたらき、神経もたくさん分布しています。

腸を含む消化管には神経細胞のネットワークが広がっていて、**「腸管神経系」**と呼ばれます。4～6億個の神経細胞があるといわれ、これは脳と脊髄に次いで**「第2の脳」**とも呼ばれます〔図1〕。腸管神経系のはたらきで、食べ物を移動したり混ぜ合わせたりする消化管の運動、腸内における水やナトリウムなどの電解質の輸送、血流の調節は、消化管で自律的に行われます。

脳神経系と腸管神経系は強く結びついており、互いに影響を与え合っているとみられています。不安や緊張を覚えると、お腹が痛くなることがありますよね。腸内環境が、精神に影響を与えることが知られるようになりました。このような双方向的な関係は、**「脳腸相関（のうちょうそうかん）」**と呼ばれます〔図2〕。腸に問題はないのに、強いストレスなどが原因で腹痛や便通の異常を起こす**「過敏性腸症候群」**という病気は、脳腸相関の悪循環が原因ではないかと考えられています。腸が脳を含むカラダ全体に影響を与えるメカニズムは、研究が進められています。

脳と腸は強く結びついている

腸管神経系とは?〔図1〕

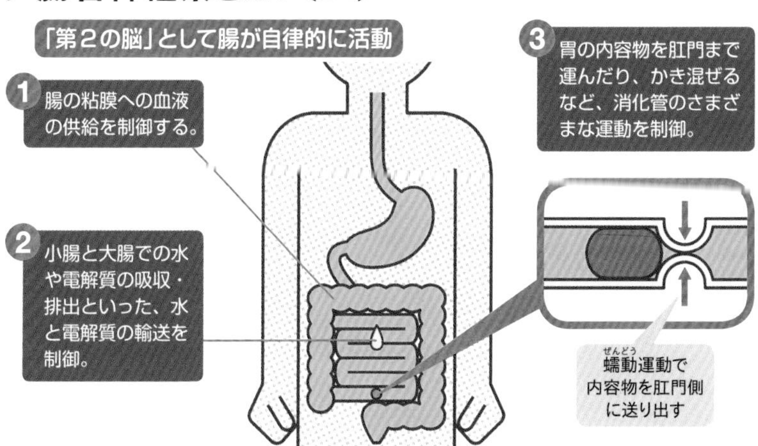

脳腸相関とは?〔図2〕

脳と腸は強く結びつき、互いに影響を与え合っている。

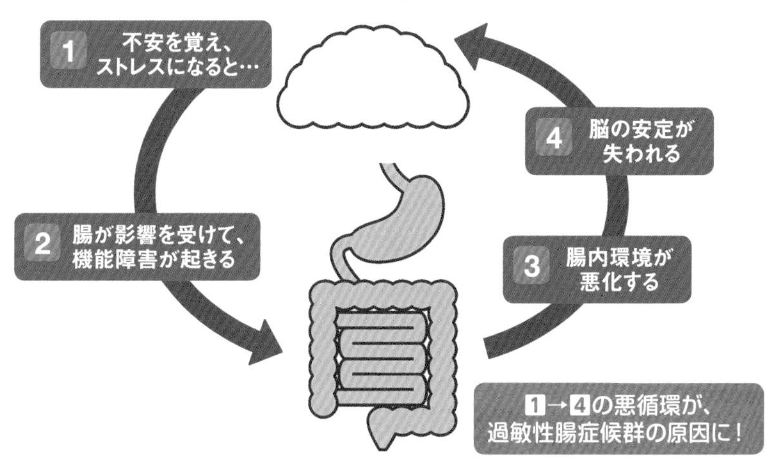

50 [脂質] 脂質って何? なんで必要なの?

カラダにとって**必要なもの**であるが、
とり過ぎると、カラダに**害を及ぼす**!

食べ物の脂肪には「脂質」が多く含まれます。肥満などの原因となりますが、脂質は細胞膜やホルモン合成に必須の栄養素です。

脂質は、食事により体内に取り込まれます。リパーゼという酵素によって、脂肪酸とモノグリセリド（グリセリン１分子に脂肪酸１分子が結合したもの）に分解されます。これらは小腸で吸収され、再び脂肪に合成されて、皮下などに貯えられます。このようにして**貯えられた脂肪は、エネルギー源として、また細胞やカラダの構成物質としても、栄養貯蔵物質としても、とても重要**です〔図1〕。

体脂肪には、**皮下脂肪**と**内臓脂肪**があり、さまざまな役割があります〔図2〕。皮下脂肪は、皮膚と筋肉の間に貯えられ、寒さや衝撃など外からの刺激から身を守るクッションのような役目をしています。内臓脂肪は、胃腸や肝臓などの内臓のまわりにつく脂肪で、過剰な内臓脂肪は慢性炎症の原因になります。適切な量の脂肪組織は、食欲調節作用に関係する**アディポネクチン**などの大切なホルモンをつくる大切な臓器です。

エネルギーが足りなくなるとまず内臓脂肪が使われ、次に皮下脂肪が使われます。**体脂肪率は、男性で25%、女性で30%を超えると肥満**といわれ、健康に問題ありとなります。

蓄えられた脂肪はエネルギー源として重要

脂質とは？〔図1〕

脂質はエネルギー源として、また栄養貯蔵物質としても重要な役割をもつ。

1 脂質の多くは十二指腸で膵臓の消化酵素（リパーゼ）により脂肪酸とモノグリセリドに分解。

2 分解された脂質は小腸から吸収される。

3 吸収された脂質は皮下、腹腔、筋肉などの脂肪組織に運ばれ、体脂肪として貯蔵。

脂質は、必要に応じてエネルギーとして消費される！

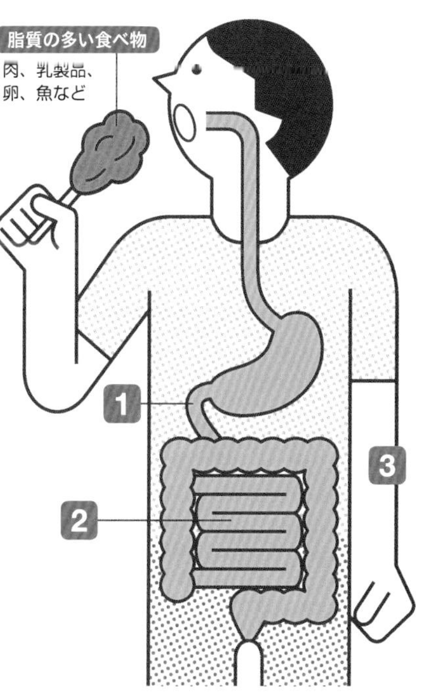

体脂肪の役割とは？〔図2〕

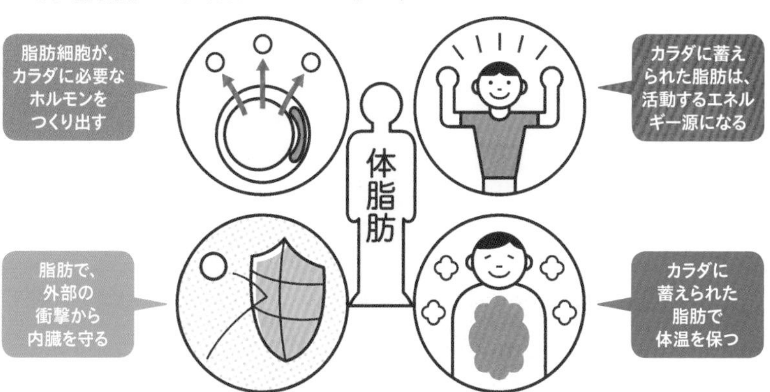

51 ［ケガ］ なぜ傷や骨は回復するのか？

「自然治癒力」によるもの。細胞の力によって修復していく！

手を切ったりしたとき、自然に傷が治りますよね。ヒトのカラダは、病気になったりケガをしたりしても、自分の力で治すことができます。この力を**「自然治癒力」**といいます。

ケガで**皮膚が傷ついたとき**、傷口から破れた血管から出た血液などがもれ出します。すると即座に血管が収縮し、血小板などによる止血機能がはたらきます。傷口からは細菌が侵入してくるので、止血とともに白血球がただちに集結します。

化膿したときに出るうみは、細菌と戦った白血球の死骸や体液から成ります。同時に、傷の深い部分から皮膚の細胞分裂が始まり、傷が修復されていきます。表面に残った、あふれた血液や体液、細菌の死骸などは固まり、かさぶたになります。

真皮（しんぴ）の欠損した部分は、新しい線維芽（せんいが）細胞が埋めていきます。古い組織は白血球がおそうじします。やがて皮膚が修復され、かさぶたがはがれ落ち、傷は治るのです〔図1〕。

骨折も、自然治癒力で治ります。骨は数か月で置き換わるほどの再生能力を持ちます。骨芽細胞が集まり、折れた部分を埋めていきます〔図2〕。必要なだけ細胞が増殖し適切な細胞へと分化し、傷や骨折が治ると増殖が止まるメカニズムは不思議の１つです。

皮膚の傷も骨折も自然治癒力で治る

皮膚の傷が治るまで〔図1〕

傷は、血小板や皮膚のコラーゲンなどを用いて自動で修復される。

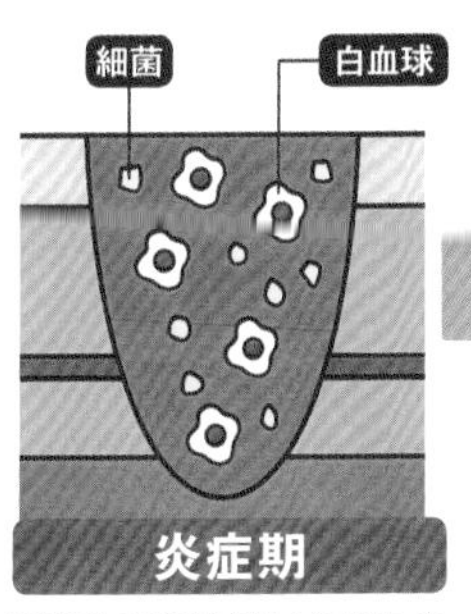

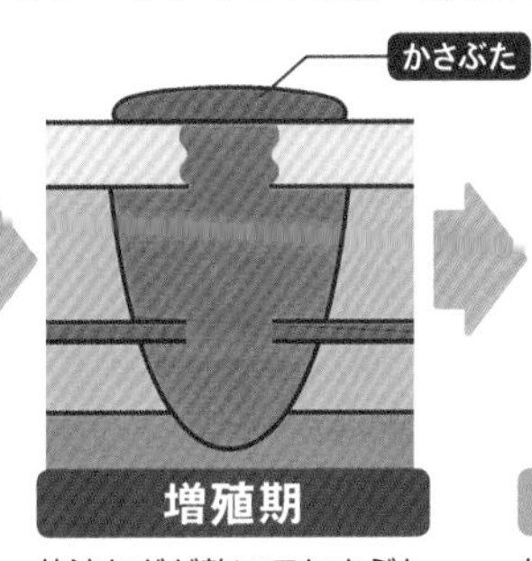

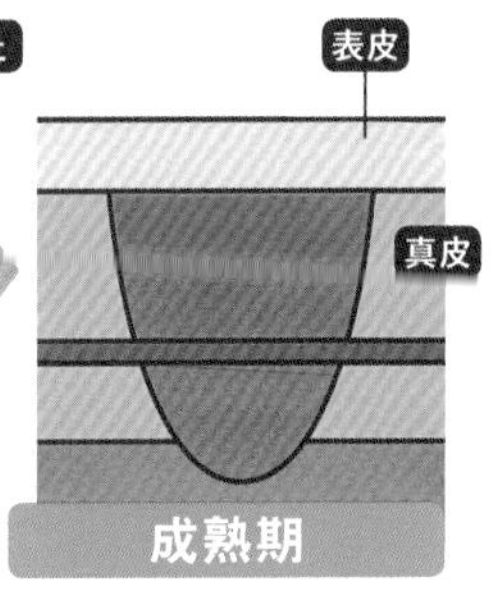

炎症期

破れた毛細血管から出た血小板のはたらきで血が固まる。白血球が侵入した細菌などを除去。

増殖期

体液などが乾いてかさぶたに。発達した毛細血管と、線維芽細胞からつくられたコラーゲンが欠損部を埋めていく。

成熟期

かさぶたが取れ、表皮が元通りに再生しても、表皮の下では組織が元に戻ろうと修復が続く。

骨折が治るまで〔図2〕

骨は、仮骨（かこつ）という未熟な骨を経て、自動で修復される。

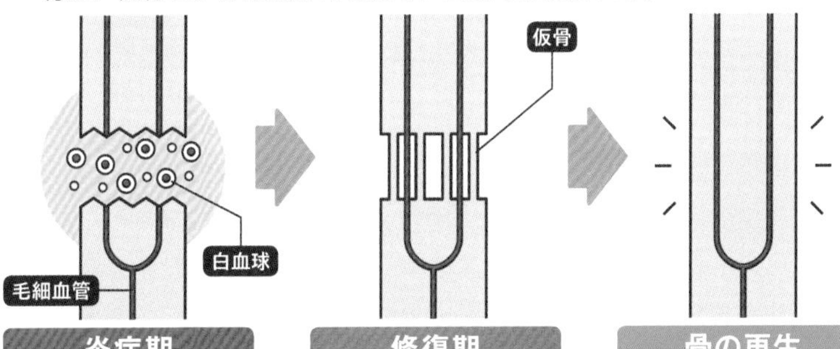

炎症期

骨が折れると出血し、炎症が起こる。そして、白血球などの炎症細胞が集まる。

修復期

骨の隙間に軟骨が形成され、骨の端を固定、「仮骨」という状態に。骨芽細胞で骨に置き換わる。

骨の再生

破骨細胞（➡P74）が不要な仮骨を吸収。もとの形と強度で、新しい骨が形成される。

52 体内環境を調整?「ホルモン」のしくみ

[ホルモン]

内分泌器官でつくられる物質。少量で**ヒトの体調を大きく変える**!

ヒトの体調を整え続けるものに、「ホルモン」があります。いったいどんな物質なのでしょうか?

ホルモンとは、血液を通じて細胞から細胞へと連絡をとる化学物質です。私たちのカラダは、外部の変化や体調の変化が起こっても、カラダの状態はいつも一定に保たれます(**ホメオスタシス**)。このホメオスタシスを維持するのが、**自律神経系**や**ホルモン**などです。

ホルモンは、ホルモンを分泌する内分泌腺やいろいろな細胞から、血液中に分泌されます。ホルモンにはさまざまな種類があります。脳には、ホルモン分泌の中枢である脳下垂体があり、**「刺激ホルモン」**を出します。この指令に従って、内分泌腺は各種のホルモンをつくり出します。

また、脂肪組織からはアディポサイトカイン(脂肪組織から分泌されるホルモンの総称)、筋肉からはマイオカイン(筋肉から分泌されるホルモンの総称)というホルモンが分泌されます。

ホルモンは、**体重1キロあたり100万分の1グラム程度のわずかな量でも、大きな作用をもたらします**。神経は神経細胞が届く場所へ指令を出しますが、ホルモンは血流にのって、遠くのさまざまな細胞に特定の作用をおよぼす点が異なるところです。

ホルモンはさまざまな作用を引き起こす

内分泌腺から分泌されるおもなホルモン

ホルモンはカラダの状態を一定に保つはたらきを調節する化学物質。血液で運ばれ、特定の臓器やカラダのはたらきに影響を及ぼす。

脳下垂体

成長ホルモン

アミノ酸を集めてたんぱく質をつくる、骨の成長を促進するなどカラダの成長をうながす。

ほかの内分泌腺を刺激するホルモン

甲状腺、脾臓（ひぞう）、副腎、生殖器などにホルモンを出すよう指令するホルモンを出す。

甲状腺（副甲状腺）

サイロキシン

基礎代謝を活発にして、成長を促進させる。チロキシンとも呼ばれる。

パラトルモン

血液中のカルシウム濃度を調節する。副甲状腺から分泌。

生殖器

男性ホルモン

生殖器や骨格筋を発達させるなど、男性らしいカラダをつくる。精巣から分泌。

女性ホルモン

卵子の生成を活発にするなど、女性らしいカラダつきをつくる。卵巣から分泌。

膵臓（すいぞう）のランゲルハンス島

グルカゴン

肝臓に蓄えたグリコーゲンを糖に分解させ、血糖値を上げるはたらき。

インスリン

血中の糖の消費を促進するなど、血糖値を下げるはたらき。

副腎（ふくじん）

副腎皮質ホルモン

炎症の抑制、代謝など、数多くの機能をもつホルモン。

副腎髄質ホルモン

ミネラルや血圧の調節を行うホルモン。

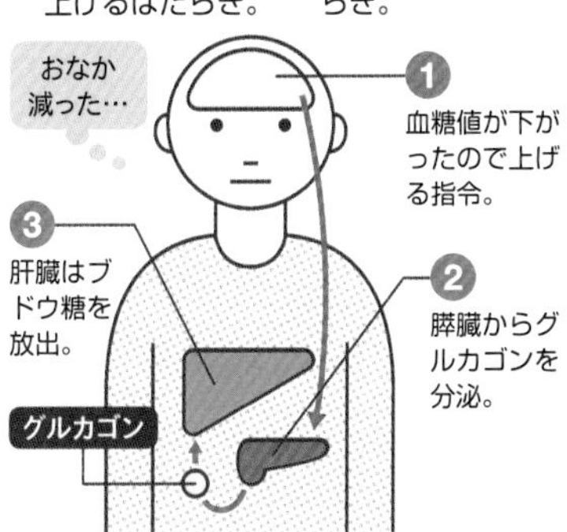

53 ［新技術］ 人工授精ってどういうしくみ？

子宮内に精子を注入する「**人工授精**」と、体外で受精卵をつくる「**体外受精**」がある！

人為的に受精を行うしくみ「人工授精」。一般的に聞かれるようになりましたが、これはどういうしくみなのでしょうか？

人工授精には大きく分けて、精子を女性の子宮内部にヒトの手で注入する**「人工授精」**と、体外で卵子と精子を受精させた受精卵を子宮内部に戻す**「体外受精」**があります。

「人工授精」は、採取した精子を子宮内に送り届け、受精をうながす方法です。人為的な体内への注入以外は、あとは自然妊娠と同じ過程となります。

「体外受精」は、体内から取り出した卵子と精子が受精するよう手助けし、その受精卵を培養液でしばらく育ててから、子宮に戻すという方法です〔右図〕。このとき取り出した卵子と精子の受精には、卵子と精子を培養液に入れて自然受精を待つ方法や、顕微鏡で見ながらガラス針で精子を卵子に直接注入する「顕微授精」という方法など、いくつかの方法があります。

1978年、世界初の体外受精児の誕生から、これら生殖補助医療技術は飛躍的に進歩し、普及しました。しかし科学の発達にともない、人工授精させた受精卵の遺伝子を操作するデザイナーベビーが倫理的問題として浮上しています。

1978年に世界初の体外受精児が誕生

体外受精の流れ

以下のような流れで、人為的に授精を補助する。

1 採精・採卵

精子を体外に取り出す。

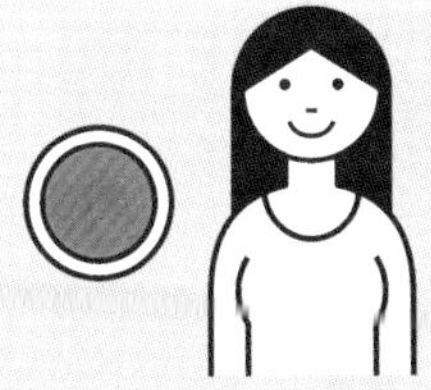

卵子を体外に取り出す。

2 体外受精

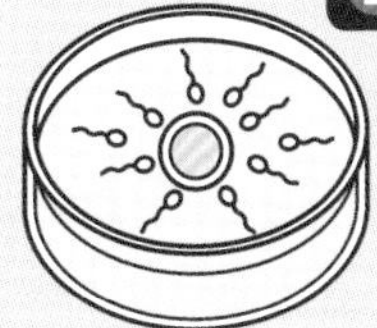

採取した精子と卵子を同じ容器に入れ、自然受精が起きるのを待つ。

2 顕微授精

顕微鏡で見ながら、ガラス針などで卵子に精子を直接注入する。

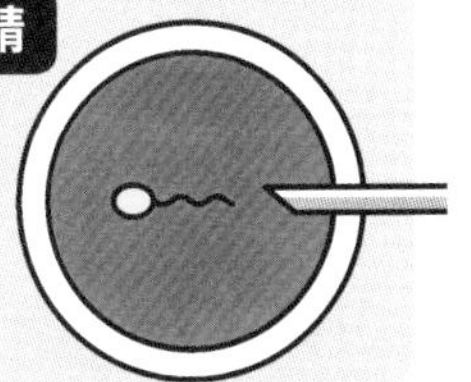

3 培養

受精卵を培養液の中で育てる。インキュベーター（培養器という機器）で受精卵を育て、成長を観察する。

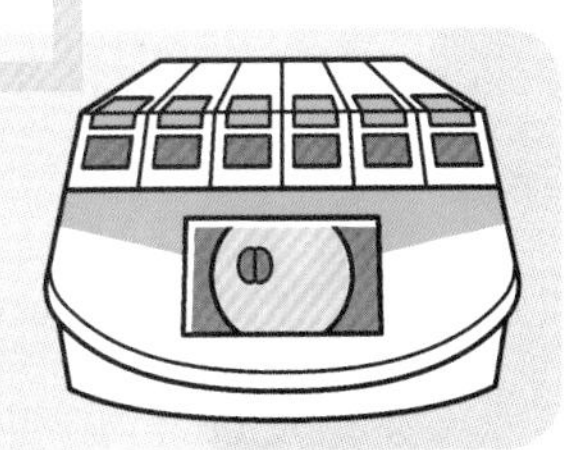

4 受精卵を移植

培養器で育てた受精卵を子宮に戻す。

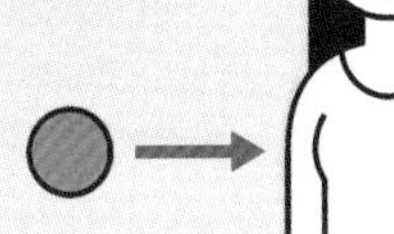

受精卵の移植は、原則1個と定められている（例外もある）。

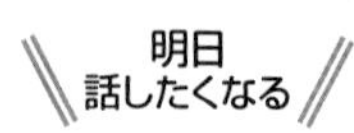

ヒトのカラダを、冷凍

現在の人体冷凍保存技術

（死後）

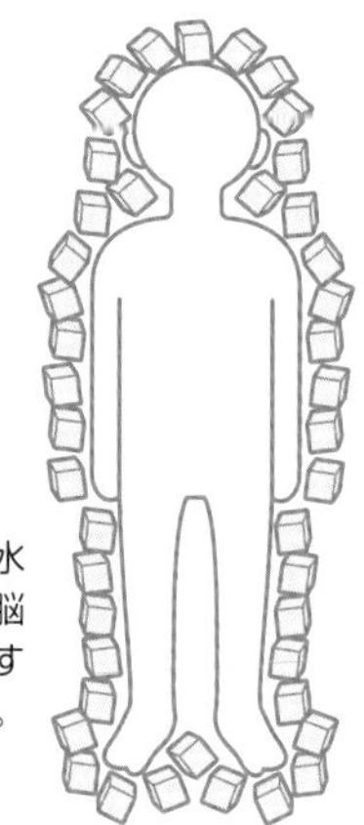

1 死後、すみやかに氷水でカラダを冷やす。脳に酸素と血液を供給するための処置を行う。

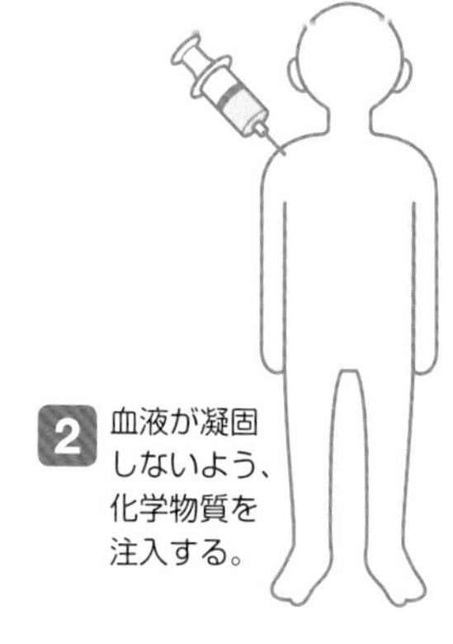

2 血液が凝固しないよう、化学物質を注入する。

世界中で、－196度という極低温で人体を冷凍保存する試みが行われてきました。しかし残念ながら、**現在の技術では冷凍した人体を解凍して復活させることはできず、死後のヒトを冷凍保存**する形で行われています。現在の医療では治療不可能なカラダを、将来医療が進歩して蘇生する技術が完成した時点で解凍・治療しようとする試みとして行われているのです。

単にヒトを凍らせてしまうと、カラダに含まれる水分が凍って**氷の結晶ができ、この結晶が細胞を破壊し、臓器を壊してしまいます。**実際の人体冷凍保存では、細胞を壊さないよう血液を凍結防止剤に置きかえて冷凍します〔上図〕。ハードルの高い冷凍保存の技術ですが、将来、ヒトのカラダを生きたまま凍らせて、元に戻すことはできるのでしょうか？

興味深い研究があります。臓器移植用の臓器の保存期間を長くする研究で、**氷の結晶によるダメージを抑えて－4度まで凍らせる技**

保存って本当にできる？

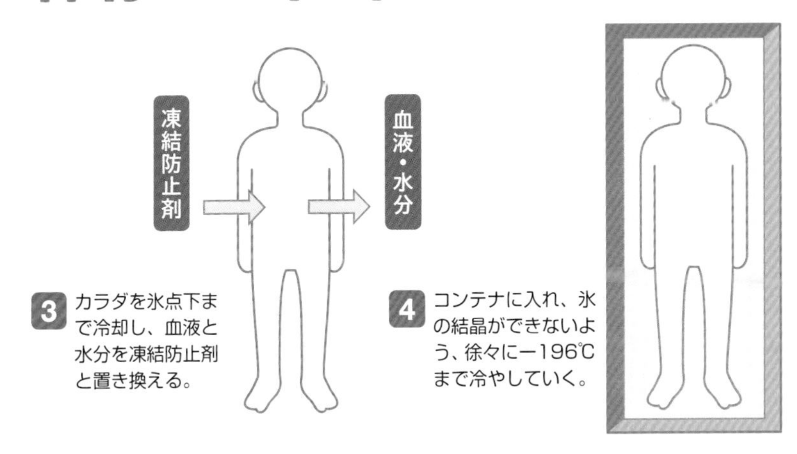

術です。臓器移植用の肝臓の保存期間は９時間ですが、これを27時間まで延ばし、解凍した肝臓もうまく機能したそうです（現時点でこの技術を用いた臓器移植は行われていません）。この技術の延長線上に、冷凍保存が達成できるかもしれません。

もうひとつ。シベリアの凍土から氷結した線虫（糸状・ひも状の生物）が見つかり、研究者の手により２万4000年の眠りからの蘇生に成功しました。この線虫やクマムシは**クリプトビオシスという無代謝状態で生き続けることができる**のです。

これは生物が、乾燥地帯などでも生き延びられるよう身につけた能力と考えられています。同じ能力をもつ昆虫**ネムリユスリカ**は、体内から97％の水分がなくなっても生き続けることができます。ヒトは10％でも脱水すると死のリスクがあるため、そのまま応用はできません。しかしこの技術の先に、代謝活動を抑えた状態で何光年も先の星へ旅行できるようになるかもしれませんね。

医学の偉人

2

感染症の予防と治療法を開発

北里柴三郎

（1853 - 1931）

北里柴三郎（きたざとしばさぶろう）は、伝染病の予防と治療法の開発に尽力した人物です。熊本に生まれ、熊本医学校でオランダ人医師マンスフェルトの指導を受け、32歳のときにドイツへ留学。細菌学者コッホに師事します。

当時、世界の人びとは伝染病に苦しんでいました。コッホは伝染病の原因は微生物による感染であり、１つひとつの伝染病には、それぞれ原因となる細菌が存在することを突き止めます。そして、純粋培養という方法で結核菌、コレラ菌など伝染病を引き起こす病原菌を特定していきました。そんなコッホのもとで、北里は破傷風菌の純粋培養に成功。加えて、「血清療法」という破傷風の治療法も開発しました。

破傷風に感染して免疫をもった動物の血清が、破傷風の毒素を中和することを北里は発見します。その血清に含まれる毒素を抑える物質を「抗毒素」と名付けました。今でいうところの「抗体」です。北里の生み出した抗毒素の概念は、人体に特定の病原体に対する抗体をつくりださせるワクチンの開発にもつながっていくものです。

北里は39歳で日本に戻り、伝染病研究所を開設します。ペスト菌の発見、消毒やネズミ駆除などの清潔な都市づくり、公衆衛生の概念を広めました。また、赤痢菌を発見した志賀潔など、多くの後進を育てました。

3章

そうだったのか！
ヒトの脳、神経、遺伝子

ヒトのカラダは不思議に満ちています。
とくに謎の多い「脳」「神経」「遺伝子」について、
最新研究の成果などを踏まえて、
そのしくみを紹介していきます。

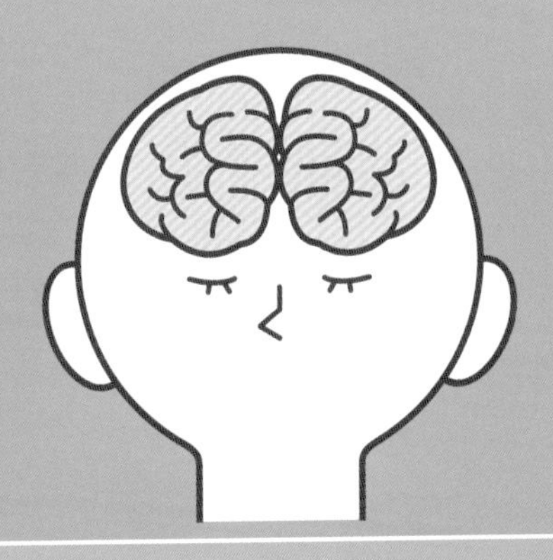

54 ヒトの「脳」はどんなしくみ？

〔脳〕

大脳、小脳、脳幹の3つが主要な部位。精神活動、運動、生命維持を司る！

私たちの「脳」は、どんなしくみでできているのでしょうか？脳のつくりは、大きく３つの部分に分けることができます〔右図〕。

１つ目は**大脳**。ほかの動物と比べて、とても大きく発達した部分です。表層部には、脳の全重量の40～50％を占める大脳皮質があります。思考を含めた高度な精神活動、記憶、言語、感覚を司り、いわゆる“**知的活動**”をつくり出しています。

２つ目は後頭部にある**小脳**。おもに**運動をコントロール**します。大脳も運動の指令を出しますが、小脳を損傷するとうまく歩けなくなります。小脳は筋肉の動きを細かく調整するなど、運動をすばやく上手に行えるよう指令を出しています。

３つ目は**脳幹**（のうかん）。延髄（えんずい）、間脳（かんのう）（視床（ししょう）と視床下部）、中脳（ちゅうのう）、橋（きょう）から成ります。呼吸や心臓のはたらき（延髄）、体温やホルモンの調節、食欲や睡眠の調節（間脳）、眼球運動や聴覚の中枢（中脳）、大脳から小脳への連絡（橋）など、**生命維持に必要不可欠なはたらき**を司ります。

このように脳は、精神活動や運動、生きるために欠かせないはたらきをする「ヒトの司令塔」です。心身ともに生命を支える重要な器官であるため、脳は体重の２～３％の重さに過ぎませんが、心臓から血液の約15％が送られるほど、エネルギーを必要とします。

人体をコントロールする司令塔

脳のしくみ

脳のつくりは大きく大脳、小脳、脳幹に分かれる。下図は、脳中央部の深い溝に沿って、左右に分けた断面図。

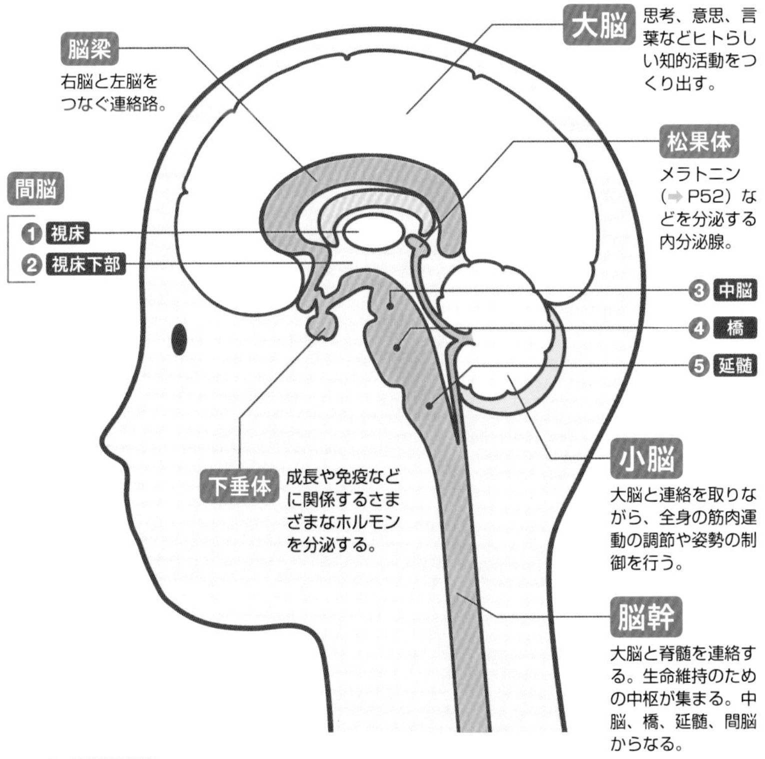

1 **視床** 嗅覚を除く視覚、聴覚、体性感覚などの情報を大脳へ中継。

2 **視床下部** 自律神経やホルモン分泌をコントロールする総合中枢。

3 **中脳** 小脳の前に位置し、視覚、聴覚に関係する。

4 **橋** 大脳から小脳への連絡路。左右の小脳を結ぶ橋にもなっている。

5 **延髄** 呼吸、循環など生命維持に関係する中枢神経系がある。

55 ［脳］ 右脳と左脳の違いってあるの？

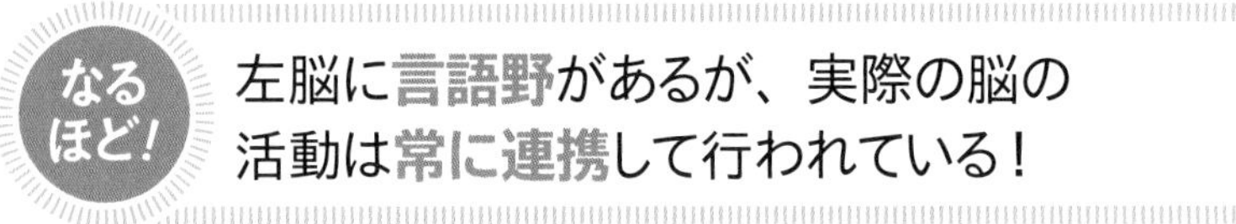

よく計算や言語など論理を重視する人を左脳派、感情や感覚を重視する人を右脳派といいますが、どんな違いがあるのでしょうか？

脳を頭頂部から見ると、左右に分かれています。**自分にとって右側が右脳、左側が左脳です**。間には脳梁（のうりょう）という約２億本の神経線維の束があり、右脳と左脳をつなぎ、情報交換を密に行っています。脳梁の下のほうにある延髄（えんずい）では、脳から延びる神経の束が交叉します。そのため、脳の支配がカラダと左右逆になるのです〔右図〕。

アメリカの生理学者スペリーは、脳の病気で脳梁を切り離す離断脳手術の患者を研究し、左脳と右脳には場所によって、それぞれ異なる機能をもつことを明らかにしました。特に**左脳は言語機能に関係することもわかり、「左脳は言語脳」**と知られるようになります。

しかし、ヒトの言語機能を司る「言語野」は、右利きの人のほとんどと、左利きの人の30～50％は左脳にあるのですが、**人によっては右脳にもつヒトもいます**。左脳と右脳の機能差は、絶対的な違いではなく相対的な違いといわれています。

左右の脳は違うはたらきをもちつつ、相互間では常に情報伝達が行われています。脳は左右で合わせて１つのシステムとして統合され、機能しています。

大半のヒトは左脳に言語野をもつ

右脳と左脳の役割は?

右脳は左半身の運動機能と感覚を、左脳は右半身の運動機能と感覚を管理している。延髄で神経が交叉しているためで、錐体交叉(すいたいこうさ)という。

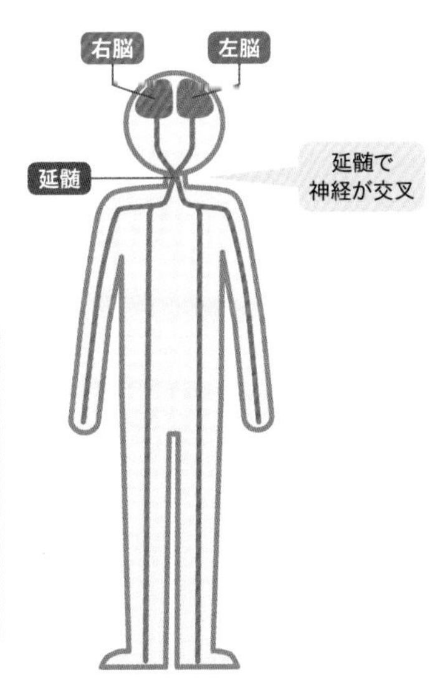

言語野とは?

ヒトの言語機能を司る大脳皮質の領域。言葉を話したり書いたりする運動性言語野と、言葉を読んだり聞き取って理解する感覚性言語野などがある。

聴覚

聴覚では、左右の情報をまとめてから信号を振り分ける。右耳からきた音はおもに左脳に、左耳からきた音はおもに右脳に伝えられる。

視覚

右目の視野から入ってきた画像の情報は左脳に、左目の視野の画像の信号は右脳に伝えられる。

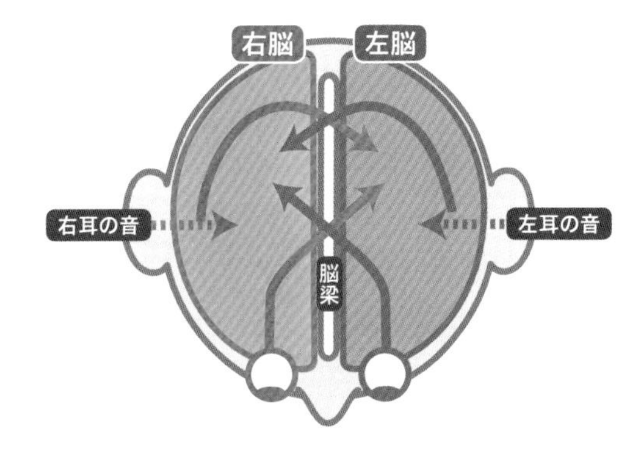

右の視野　左の視野

明日
話したくなる
人体の話 6

ヒトは脳の10%しか使っていない？

よく「ヒトは脳の10%しか使っていない」などといわれますね。なぜ、ヒトは脳の90%を使えないのでしょうか？　逆にいえば、90%の未使用の潜在能力をもっているともなるわけで、その能力を解放したくなりますよね。映画の題材にもなっています。

実は、この**「ヒトは脳の10%しか使っていない」という説はさまざまな面から否定的です**。検査システムの発達により、ヒトの活動に応じて、脳の全領域が活発にはたらくことが明らかになりました。**日常的にヒトは脳のすべての部分を使用**しています。脳は常にフル活動しているのです。

また、脳の重さはカラダの2%しかありませんが、1日に消費するエネルギーの20%を使います。脳が10%しか使われていないとすると、そこまでエネルギーを必要とはしないはずです。

なぜ、「脳の10%神話」のような説が生まれたのでしょうか？一説には**「グリア細胞」**が関係しているといわれています。

グリア細胞とは、神経細胞とともに脳の大部分を占める細胞で、かつては神経細胞の10%に対し、グリア細胞は脳の90%を占めているとみられていました。グリア細胞がどんな役割をもつのかわからなかったため、神話が生まれたのかもしれません。

ちなみに、このグリア細胞の役割は徐々にわかってきており、❶**神経細胞の位置の固定**　❷**神経細胞に栄養と酸素を供給**　❸**脳の老廃物や死んだ神経細胞を取り除く**　などの役割を担います〔下図〕。ヒトは睡眠時に脳から老廃物を排出して機能を維持していますが、それにグリア細胞は関係しているとみられています（グリンパティックシステム➡P28）。グリア細胞が脳の機能を左右すると考える研究者もいるくらいです。

現在でも、脳のすべてが解明されたわけではありません。脳にはまだ無限の謎と可能性が眠っているのです。

グリア細胞とは

神経細胞のサポートを行う。いくつかの種類がある。

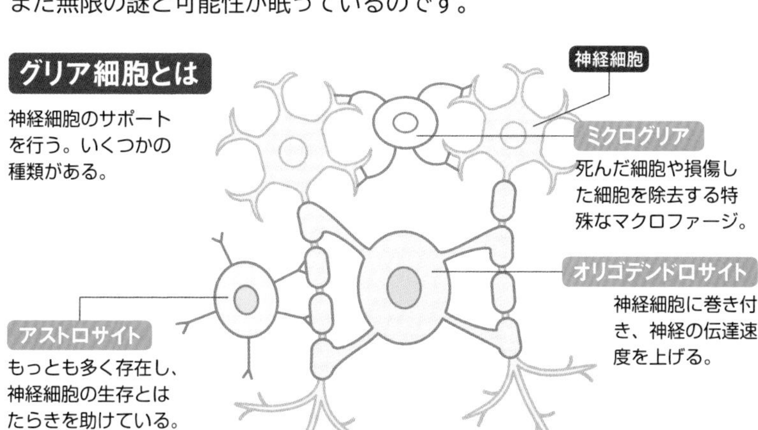

56 ［記憶］ ヒトはどれくらい記憶することができる？

なるほど！ **短期記憶**は短時間で消える。
生涯保持される**長期記憶**もある！

ヒトはどのぐらい「記憶」することができるのでしょうか？

記憶は周囲の情報を覚え**（記銘）**、覚えた情報を忘れないよう**保持**し、必要に応じて保持した情報を思い出す**（想起）**という作業です〔図1〕。新しい情報はまず短期記憶に取り込まれますが、そのままだと短時間で消えます。繰り返し思い出したり、ほかの知識と関連づけたりすると、長期記憶に変わっていきます〔図2〕。長期記憶が固定されると数か月〜一生の記憶となります。子どものころ覚えた歌を歌えるように、忘れない記憶もあります。

記憶は、神経細胞の１つひとつに保存されるのではありません。**神経細胞同士はつながり合ってネットワークをつくり、そのネットワークが１つひとつの記憶となるのです**。数千億個あるという神経細胞同士は１対多でつながり、そのシナプス（神経細胞のつなぎ目）は無数にあって、脳の活動によってこのつながりが変化するため、記憶容量の上限を調べるのは困難です。

よくできた記憶のしくみですが「もの忘れ」も起きます。**もの忘れは、記銘・保持・想起のどこかに障害が起こったときに生じるもの**。ある瞬間、名前を忘れるといった「ど忘れ」は一時的な想起の障害で、情報は保持されているので思い出すことができます。

神経細胞間のネットワークが記憶となる

記憶のしくみ〔図1〕

記憶は「記銘」「保持」「想起」という工程で成り立っている。もの忘れは、この３つの工程のどこかで障害が起こると生じる。

1 覚える（記銘）
目や耳から入ってきた情報を覚える。

2 記憶を保持
新しく覚えた情報を忘れないよう保持する。

3 思い出す（想起）
必要に応じて、保持した情報を思い出す。

短期記憶と長期記憶〔図2〕

記憶は、大きく短期記憶と長期記憶に分けられる（➡P148）。

1

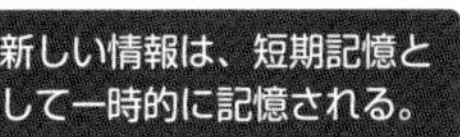
新しい情報は、短期記憶として一時的に記憶される。

2

短期記憶を何回か引き出すと、長期記憶になる。

3

長期記憶は、脳全体で記憶される。

57 ［記憶］ ヒトはどうして自転車の乗り方を忘れないの？

カラダで覚える**手続き記憶**で覚えるから。
手続き記憶は**長期記憶**のひとつ！

私たちが毎日の生活で得た情報は、脳に記憶として蓄えられますが、記憶といっても、実はいろいろな種類があります。

記憶は、脳に残る時間で**短期記憶**と**長期記憶**に大きく分かれます〔図1〕。**電話番号を一時的に覚えるなど、用がすめば忘れてしまう記憶が「短期記憶」、長く脳に保持される記憶が「長期記憶」です**。

長期記憶には、**意味記憶**（名前やニュースの情報など）や、**エピソード記憶**（友人とのつき合いや旅行の思い出など）があります。これらは“言葉で説明できる記憶”で**「陳述記憶」**ともいいます。

一方、私たちは一度自転車の乗り方を覚えれば、いつでも乗ることができます。「カラダで覚えている」とも表現しますね。このような長期的な記憶は、**手続き記憶（手順記憶）**と呼ばれます〔図2〕。カラダで覚える手続き記憶は、“言葉で表現しにくい”という特徴があり**「非陳述記憶」**と呼ばれます。職人や演奏家は毎日修業や練習を繰り返してカラダに記憶させ、技術を習得しているのです。

手続き記憶は、繰り返しの練習などで動作を覚えていきます。例えばバッターなら、打球を打ち返すよう意識的な処理をせずとも、練習でカラダが自然に適切に動くようになります。言語化しにくい記憶のため、見て真似してカラダで覚えていくわけです。

言葉で説明できる記憶とできない記憶

記憶の種類〔図1〕

言葉で表せる記憶と、言葉にできない記憶がある。

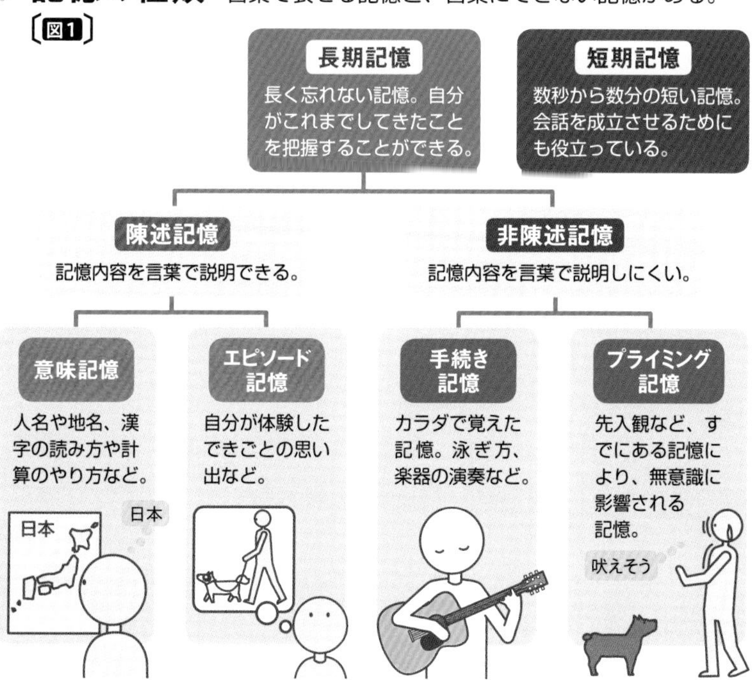

手続き記憶とは?〔図2〕

同じ経験を繰り返すと、自然とカラダがその経験を覚えるという記憶。

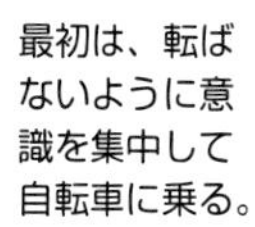

脳がカラダの使い方を覚えると、意識しなくても自転車に乗れる。

58 ［酔い］ 車酔い・3D酔いはどうして起こる？

平衡感覚が不自然に刺激されると、脳が混乱して気分が悪くなる！

頭がぐるぐる回るような車酔いや船酔い…。お酒を飲んだわけでもないのに、どうしてこのような状態になるのでしょうか？

ヒトの平衡感覚は、おもに耳の奥にある三半規管・前庭（ぜんてい）（➡ P94）が司りますが、**視覚も関係**しています。カラダの回転や傾きを視覚でも確認し、脳が無意識のうちにバランスを保っているのです。

乗り物酔いは、脳で感じる平衡感覚が混乱したときに起こります。予想のつかない動きの連続と見ている風景から、三半規管からの情報と目からの情報にズレが出ます。そのため、脳がバランスを保てず混乱し、乗り物酔いが起こると考えられています〔図1〕。原因は、激しすぎるゆれによる三半規管の不調など、諸説あります。

3D映像のゲームをしたり、バーチャル映像を鑑賞しているときも、気分が悪くなることがありますよね。これは**3D酔い**といいます。3Dゲームではカラダは静止した状態で、3D映像の視点と自分の視点とが同一化された視界で遊びます。**カラダは動かないのに視界は激しく動くため、カラダの感覚と視覚で情報のずれが生じて頭が混乱**し、3D酔いの症状を起こすと考えられています〔図2〕。

ビデオカメラで撮影した、手ぶれのひどい映像を見たときに「酔う」感じも、3D酔いと同じ理由とみられます。

平衡感覚が刺激され、乗り物に酔う

乗り物酔いとは

〔図1〕

平衡感覚が刺激されることで、乗り物酔いは起こると考えられる。

目

視覚情報を脳に送り、カラダのバランスを保つ。

耳・カラダ

三半規管と前庭がカラダの傾きなどを感知して脳に送り、カラダのバランスを保つ。

乗り物に乗ると…

目

車内で読書すると、小さくゆれる本に合わせて視線を調整。

耳・カラダ

カーブや加速などでカラダは激しく動き、三半規管は激しいゆれの情報を脳に送る。

3D酔いとは

〔図2〕

カラダの感覚と視覚で情報のずれが生じて脳が混乱。気分が悪くなる。

目

振動、加速・減速する現実の映像を脳に送る。

耳・カラダ

カラダのゆれに合わせた情報を脳に送る。

3D映像で見ると…

目

振動、加速・減速する3D映像を見る。

耳・カラダ

刺激なし。

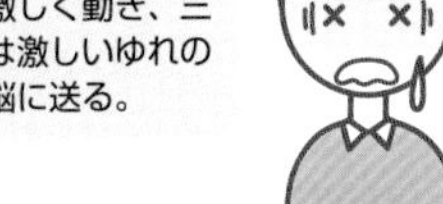

脳が混乱し自律神経が乱れ、気分が悪くなる！

59 ［感情］ 感情とカラダの反応はどこからくるの？

感情による反応は「末梢(まっしょう)起源説」「中枢(ちゅうすう)起源説」「２要因説」など諸説がある！

生き物の脳には、**生命を脅かすものを本能的に「怖い」と認識する**システムがあります。特定の刺激に対して、ヒトをある方向へ駆り立てる反応が「感情」ともいえます。感情はカラダの反応を生みますが、それには３つの説が有名です〔右図〕。

「末梢起源説」は、刺激に対して起きてくるカラダの反応を脳が感情として感じるという説です。例えば、ヒトがヘビに気づいて心拍が上昇したり冷や汗が出たとします。このカラダの反応を脳が認識することが、恐怖心を自覚するという考えで、「カラダの変化（末梢）が感情を起こす」という説です（右図 1）。

「中枢起源説」は、まず刺激に対する「怖い」という脳の反応が起きて情動（喜怒哀楽などの感情）が発動。それに応じて起きてくる心拍上昇などのカラダの反応と関連付けられるとするもの。「脳の反応が起きたことでカラダの応答が起きる」という説です（右図 2）。

「２要因説」は、「感情に応じて起きたカラダ反応」とそれが「なぜなのか？　という認識」の２要因が必要という説です。心拍数の上昇は、怖いヘビを見ても、好きなネコを見ても起きてきます。そのときに起きた感情に、「ネコがあまりにかわいいのでドキドキした」と認識の意味づけが加えられているという説です（右図 3）。

感情が生まれるしくみは明らかでない

感情と反応が生まれるしくみ

1 末梢起源説

外部からの刺激を受けて生理的反応が起こり、その反応を脳が認識すると、情動が生まれる。

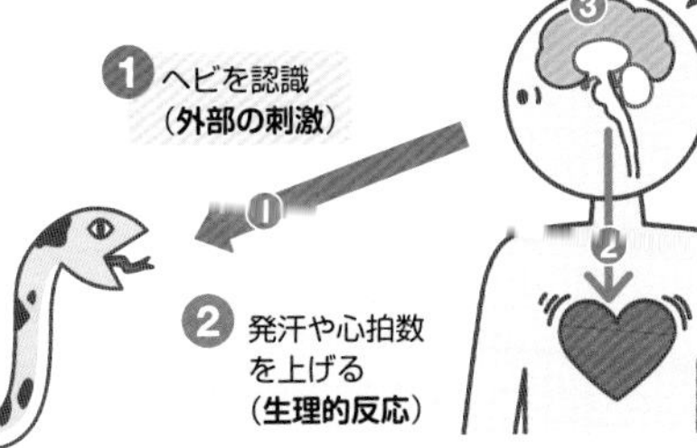

2 中枢起源説

外部からの刺激が脳を興奮させて情動を生じ、生理的反応が関連付けられる。

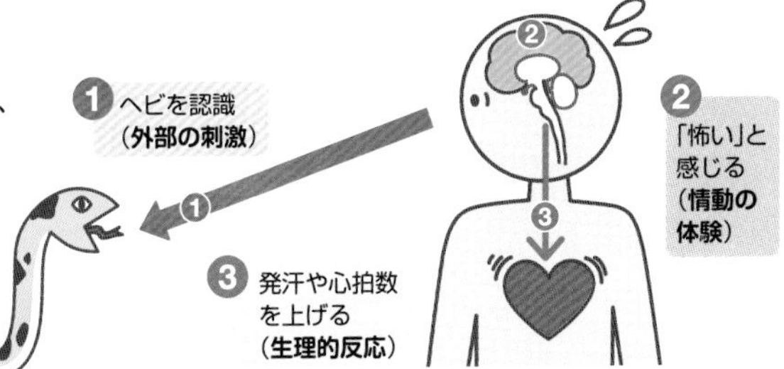

3 2要因説

刺激に対する生理的反応を、どう評価・認知するかによって感情が決まる。

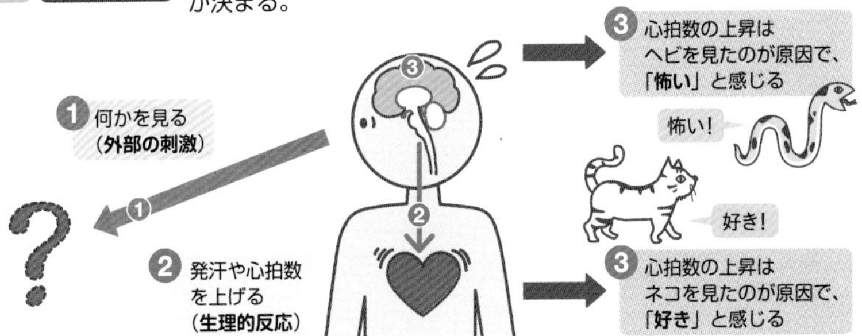

60 ［病気］「うつ」とは何？脳との関係とは？

脳の病気のひとつと考えられている。
「**モノアミン**」の減少が原因のひとつ！

「うつ」とはどのような状態なのでしょうか？

食欲がなくなる、悲観的になる、気力や意欲がなくなり、それが継続する精神状態を**「抑うつ状態」**と呼んでいます。また、それが長期化して自力で回復しにくくなった病的状態が**「うつ病」**です。

うつ病は感情障害のひとつで、脳の病気であると考えられています。脳内の神経細胞の接合部（シナプス）からは、気分に関係する**神経伝達物質（モノアミン）**が出ています〔図1〕。モノアミンとは、セロトニン、ノルアドレナリン、ドーパミンなどの総称です。

このモノアミンが減少すると、脳の機能障害から抑うつ状態を引き起こします。抑うつ状態やうつ病では、神経伝達物質を増やす薬（抗うつ薬）が用いられます。

うつが起こるしくみは諸説あり、ここでは、**「神経可塑（かそ）性仮説」**を紹介します。

まず、ストレスにより神経細胞が疲れて、神経伝達物質が減ります。**元気の源である伝達物質の減少は、神経細胞にダメージを与えて、さらに伝達物質が減る…という悪循環**が起きてきます。この悪循環が「うつ」であり、抗うつ薬はダメージを受けた神経細胞を守り、回復させる（可塑）という仮説です〔図2〕。

長期化し回復しにくい状態が「うつ病」

神経伝達物質（モノアミン）とは？〔図1〕

神経細胞間の情報伝達に使われる物質。気持ちを明るくする作用のある伝達物質が減ると、気分が沈む。

気持ちを明るくするおもな伝達物質

ドーパミン

快楽に関係し、やる気を引き出す。

ノルアドレナリン

やる気が出て、集中力が高まり、向上心や積極性がでる。

セロトニン

精神を安定させる。ドーパミンとノルアドレナリンのバランスを調整。

うつに神経伝達物質が関与？〔図2〕

うつ状態が発生するしくみは諸説ある。ここでは、ストレスによって細胞が弱り、うつ病を発症する「神経可塑性仮説」を解説する。

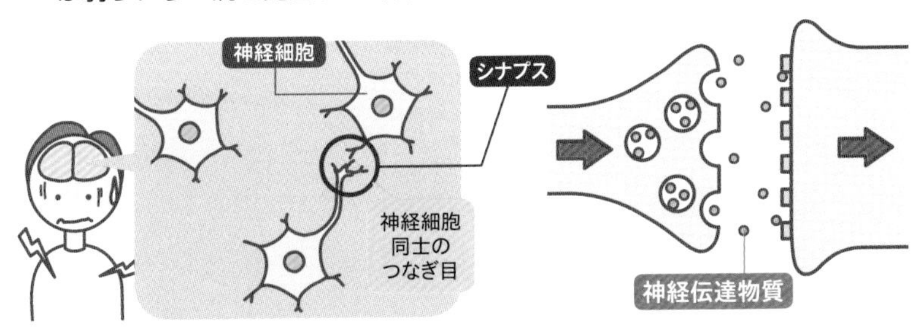

1 神経細胞が弱ると、神経細胞から生じる神経伝達物質の量が減る。

2 神経伝達物質の減少により、さらに神経細胞が弱る。

1 ↔ 2 で悪循環が起こり、「うつ」が生じるという仮説！

61 ［神経］「神経」とは？どんな役割があるもの？

なるほど！ 脳のもとに**各器官から情報収集**、指令を出し、**統合する役目**を担っている！

ヒトのカラダは、約40兆個の細胞からなります。細胞が集まってできている器官は、バラバラにはたらくことができません。脳に各器官からの情報を集めたり、脳から適切な命令をカラダに伝えたりして、ひとつの個体として調和を保つネットワークが必要です。その役目を担うのが神経です〔図1〕。**神経を形づくるのは、約1,000億個の神経細胞（ニューロン）と呼ばれる特殊な細胞です**。

神経には**中枢**（ちゅうすう）**神経**と**末梢**（まっしょう）**神経**があります〔図2〕。中枢神経は脳と脊髄（せきずい）からなり、各器官から受け取った情報をもとに適切な判断を下し、各器官へ指令を出します。

末梢神経は、伝達の役割をもつ神経です。各器官からの情報を中枢神経に送り、中枢神経からの指令を各器官へ伝えます。体性神経と自律神経に分けられるほか、大きく４つにも分けられます。

体性神経のうち、**運動神経**は意識的な運動（随意運動）を司り、**感覚神経**はカラダのあちこちから得られる感覚情報を脳へ伝えます。そして**自律神経**は、意識的に動かすことのできない独立したシステムです。自律神経は心臓の動き、呼吸器や消化器の活動などを自動的に調節します。自律神経には**交感神経**と**副交感神経**があり、両方がバランスをとってはたらいています。

脳と体中の神経はつながっている

脳と末梢神経の関係〔図1〕

刺激を受けた末梢神経は、中枢神経に情報を伝達。脳は情報をもとに各器官に指令を出す。

神経の種類〔図2〕

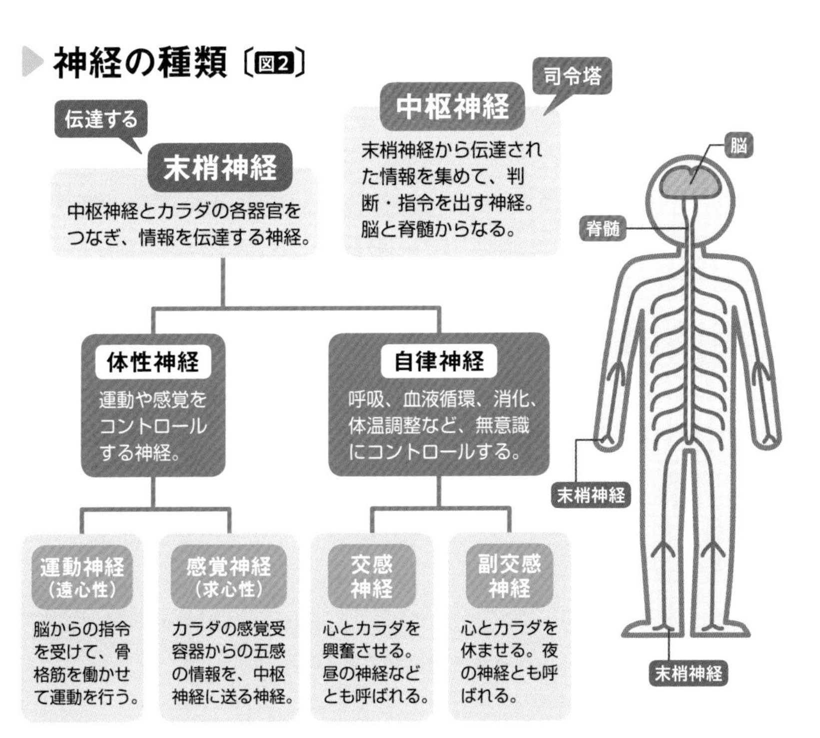

62 ［手指］ 動かしやすい指と動かしにくい指があるのはなぜ？

なるほど！ **指の腱がつながっている**部分がある。**脳の指令系統**も分離が明確ではない！

指を１本ずつ、思ったとおりに動かせますか？　例えば小指だけ曲げるとき、薬指もつられて曲がってしまう人もいるでしょう。

これは、**筋肉と骨をつなぐ腱が、隣の指の腱とつながっているところ（腱間結合（けんかん））がある**のが理由のひとつです〔図1〕。それで動かし慣れていないと、独立して動かしにくいのです。

これは、私たち霊長類が樹上生活をしていたころ、木の枝をつかむために得た、親指とほかの指を向かい合わせて動かす**「母指対向性」**という能力に由来します。図1にある腱間結合はそのなごりですが、現在では指の運動を制限してしまっているようですね。

また、**脳の構造**にも原因があります。**薬指を動かす指令系統と、小指を動かす指令系統は、はっきりと分かれていません**。「小指だけ動かす」「薬指だけ動かす」といった指令よりも、「親指以外の４本を同時に動かす」という指令の方がすばやく行えます。薬指だけ動かそうとすると、「小指は曲げない」「中指も曲げない」という指令も必要になり複雑になってしまうのです※〔図2〕。

しかし、訓練により指をバラバラに上手に動かせるようになります。左右、しかも１本ずつ器用に指を動かすといった訓練が、ピアノやギターなどの楽器の練習に必要になるわけです。

※諸説あります。

腱間結合で4本の指は連動する

指の腱はつながっている〔図1〕

親指以外の４本の指の腱（筋肉と骨をつなぐ組織）がつながっているため、それぞれの指を独立して動かしにくい。

腱間結合
４本の指を一緒に動かしやすくするが、独立した指の動きを妨げる。

指伸筋の腱
親指以外の４本の指を伸ばしたりする筋肉。

親指の腱は独立している

腱簡結合で連携した４本の指と独立した親指で、モノをしっかり握ることができる。

指の指令系統も原因〔図2〕

脳の指令系統は、１本の指のみを動かすというしくみになっていない。楽器の演奏家のように練習すれば、「脳に変化が起き」、独立して動かせるようになる。

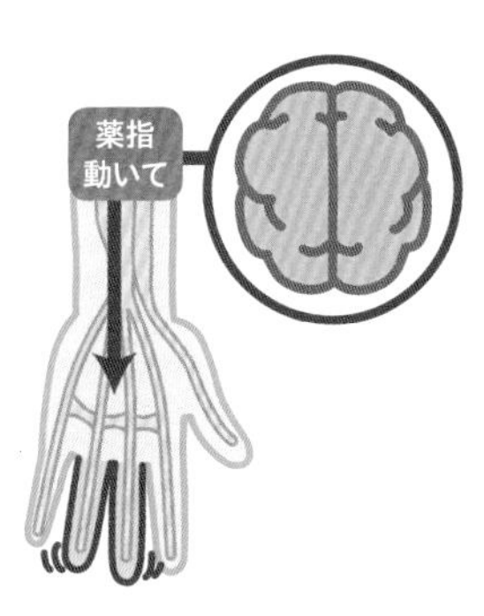

ふつう、薬指だけを動かそうとしても中指が同時に動く。

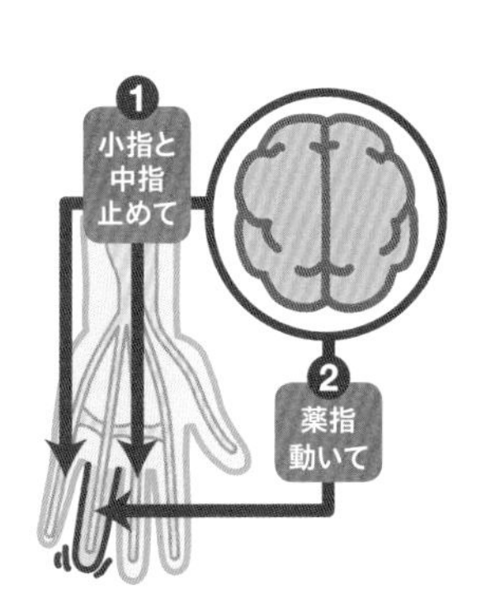

「小指と中指を止める」「薬指を動かす」の複雑な命令が必要。

63 ［神経］ 「反射神経」ってどういうもの？

知覚信号に対し、**大脳を経由せずに脊髄ですばやく反応する**しくみ！

「反射」や「反射神経」って何気なく使う言葉ですが、どういうしくみなのでしょうか？　**外界の刺激にすばやく勝手に反応する「反射」のことを、俗に「反射神経」と呼んでいます**。熱いモノに触れたとき、思わず手を引っ込める反応のように、反射とはカラダへの刺激に対して**大脳を経由せずに、脊髄や延髄にある特別なルートを通って、すばやく無意識に的確な反応が起こるしくみ**です。

例えば、熱いモノに手を触れたときの皮膚からの信号は、まず感覚神経を通り、脊髄へ到達します。その信号は、**脳ではなく脊髄の運動神経へと直接伝わり**筋肉が収縮し手を引っこめる動きにつながります。皮膚からの信号は大脳へも伝達されるのですが、脳へ伝達される前に運動の反応が終わっています〔図1〕。

「目にゴミが入ると涙が出る」「食べ物を口に入れると唾液が出る」といった反応も、意識して行っているわけではありませんよね。これらも、**大脳を経由しない反射**のひとつです。

反射を起こさせる刺激と、その反射に無関係な刺激（条件刺激）が同時にくり返されると、条件刺激だけで反射が起こるようになります。これを**「条件反射」**といいます。梅干を見ると唾液が出る、赤信号を見ると足が止まるなどの現象が、これに当たります〔図2〕。

反射が繰り返されると、条件反射に

反射とは?〔図1〕

熱いモノに触ったとき、思わず手を引っ込めるなど、カラダへの刺激に対し、脳を経由せずに無意識に行う反応のこと。

条件反射とは?〔図2〕

ある反射が起こる刺激と、無関係な別の刺激を同時に与えることを繰り返すと、別の刺激だけで初めの反射と同じ反射が起こる。

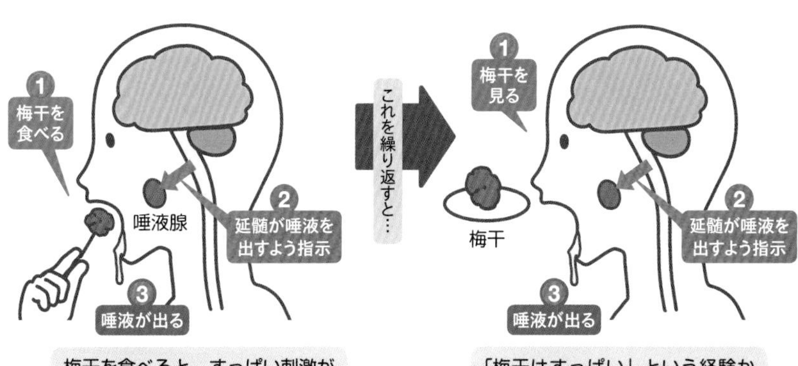

梅干を食べると、すっぱい刺激が延髄の唾液分泌中枢に伝わり、大脳を経由せずに唾液が出る。

「梅干はすっぱい」という経験から、梅干を見るだけで唾液が出るようになる。

64 ［神経］ ヒトはなぜ無意識に空気を吸えるの？

なるほど！ **自律神経のはたらき**によって、呼吸器系が**無意識**のうちに動くから！

呼吸、消化、血液循環、ホルモンの分泌などは、**意思と関係なく起こるカラダのしくみです**。これらを司るのは脳から脊髄にまで広く分布する自律神経系です（➡P156）。

呼吸については、自律神経のはたらきで呼吸筋を動かす指令が出ています。これにより、肺がふくらんだり縮んだりして、自動的に息を吸ったり吐いたりしているのです〔図1〕。

自律神経は、交感神経と副交感神経からなり、この２つがバランスよくはたらきます〔図2〕。

交感神経は交感神経幹から出て、副交感神経の中枢は脳にあります。スポーツをして酸素がいつもより多く必要になると、交感神経が活発になります。すると心臓の拍動が増え、呼吸が速くなります。このとき、同時に副交感神経もはたらき、心臓の拍動の増えすぎや呼吸の速くなり過ぎを抑えて調節します。

この２つの神経が常にバランスをとりながらはたらくことで、私たちのカラダの状態は一定に保たれているのです。外部環境や体内の変化に応じて、カラダを健康的な一定の状態に保つことを**「ホメオスタシス」**と呼びます（➡P132）。自律神経が乱れるとホメオスタシスが保てなくなり、体調不良につながります。

自律神経が無意識に生命を維持する

呼吸中枢の働き〔図1〕

延髄にある呼吸中枢が呼吸筋に指令を出すことで、ヒトの意思に関係なく、24時間安定した呼吸ができる。

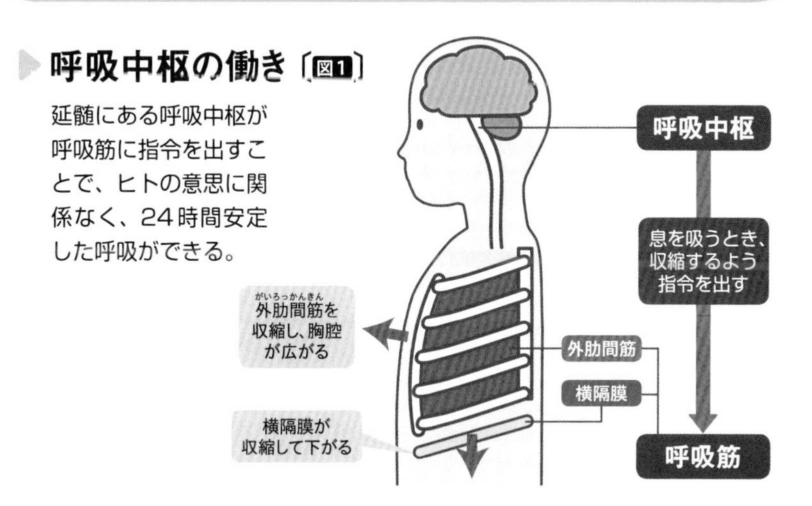

自律神経とは〔図2〕

意思に関係なくはたらく器官を24時間自動で管理するシステム。自律神経は、昼間や活動中にはたらく「交感神経」と、夜間やリラックス時にはたらく「副交感神経」からなる。

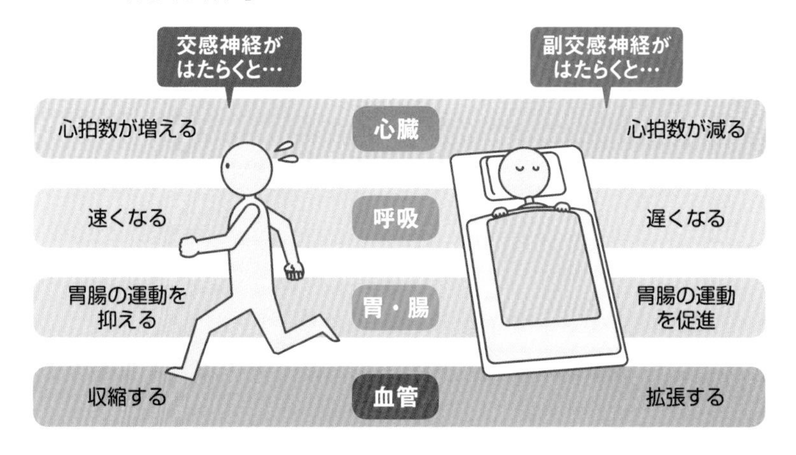

65 ［心臓］ 胸の高鳴りはどうして起こるの？

心臓のバクバク＝**拍動**は**自律神経**に**調整**されていて、運動や緊張で増える！

恋をしたとき、驚いたとき、運動したとき…など、心臓がバクバク鼓動しますよね。これは、どういうしくみなのでしょうか？

心臓がドキンドキンと収縮・拡張を繰り返すことを「拍動」といいます。心臓は１分間に60〜80回の拍動で血液を全身に送り出しています。手足の動脈で感知できる拍動を脈拍といいます。

拍動数はだいたい決まっていますが、運動すると、筋肉により多くの血液を送るために拍動数は多くなり、血液量が増えます。**この拍動数は自律神経で調節されています**。（➡P162）興奮や緊張すると交感神経がはたらき、拍動数は多くなります。一方で、安静時には副交感神経がはたらき、拍動数は少なくなります。

例えば、一目ぼれした人に会うと、興奮するため交感神経がはたらき、拍動が増えます。つまり心臓がドキドキするのです。相手と少し話をして落ち着くと、副交感神経がはたらいて、拍動も落ち着いていきます。ちなみに、交感神経だけでも副交感神経だけでもダメで、バランスよく刺激を受けることが健康につながります。

拍動数で血液量は変化します。安静時は１分間に５リットルの血液を送り出しますが、歩行時には１分間に７リットル、運動時には１分間に14リットルもの血液を拍動を増やして送り出します。

「どくっ」の音は弁が閉まる音

拍動とは?〔図1〕

心臓の筋肉の収縮で、血液を全身に送り出す。

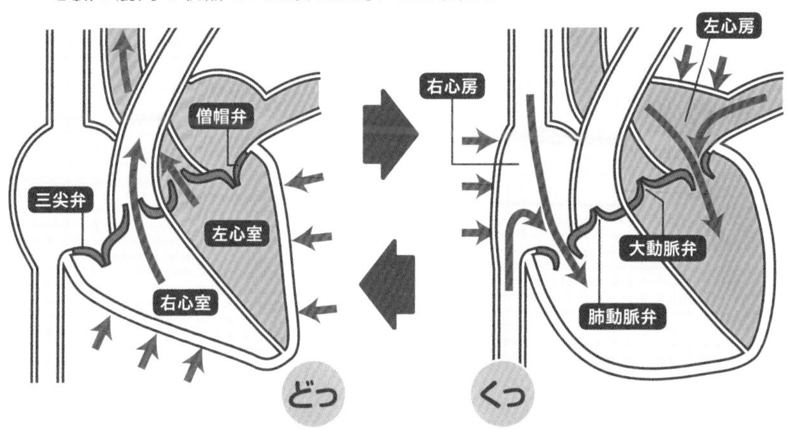

心室が収縮し、全身と肺に血液が送られる。僧帽弁（そうぼうべん）と三尖弁（さんせんべん）が閉じるとき、「どくっ」の「どっ」の音がする。

心房が収縮し、全身と肺から心臓に血液が流れ込む。大動脈弁と肺動脈弁が閉じるとき、「どくっ」の「くっ」の音がする。

興奮するとドキドキする理由〔図2〕

心臓の拍動は自律神経で調整されるため、興奮すると交感神経がはたらき拍動数が増える。

66

［遺伝子］

遺伝子って何？①遺伝情報のしくみ

なるほど！

遺伝子は細胞の「**設計図**」。
受精卵から**親の遺伝子**を引き継ぐ！

親の特徴が子どもや子孫にあらわれることを**「遺伝」**、親子で受け継がれる情報は**「遺伝情報」**といいます。遺伝情報は、細胞の核の中にある**デオキシリボ核酸（DNA）**という糸状の物質に遺伝子として書かれています。DNAがまとまって**染色体**をつくります〔図1〕。

ヒトは１つの受精卵からはじまります。生殖細胞（精子と卵子）に入っているそれぞれの染色体が結合して受精卵ができ、子どもは両親から半分ずつ遺伝子を引き継ぎます〔図2〕。

１つの受精卵は誕生までに約３兆、大人になるまでに約40兆個に分裂してヒトの形になりますが、すべての細胞に最初の受精卵と同じ遺伝子が入っています。**両親の遺伝情報をもとに子どもは自分の各種細胞をつくるため、両親と似た特徴があらわれる**のです。

遺伝子は細胞をつくるための設計図です。カラダはさまざまな形やはたらきの違う細胞からできています。遺伝子の情報から各種細胞に変化し、カラダはつくられています。

どの細胞にも同じ情報が入っているのに、場所に応じて適切な細胞になるしくみは**「分化」**と呼ばれます。細胞の分化など、遺伝子の使い方が後天的に変化することを研究する分野は**「エピジェネティクス」**と呼ばれ、生物の進化にも重要です（➡P168）。

1つの細胞が分裂してヒトは形づくられる

DNAのしくみ〔図1〕

ヒトのカラダの細胞の核は染色体をもち、その中に遺伝情報をもつ。

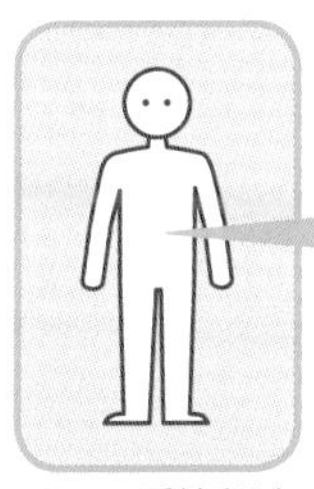

1つの受精卵が分裂してヒトの形になる。

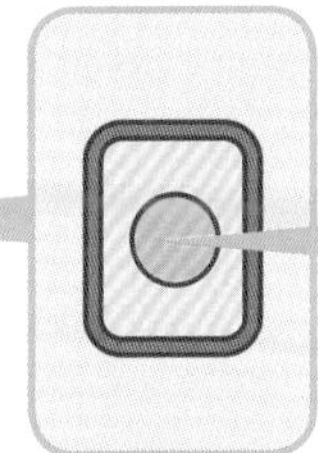

ヒトは約40兆個の細胞でできている。

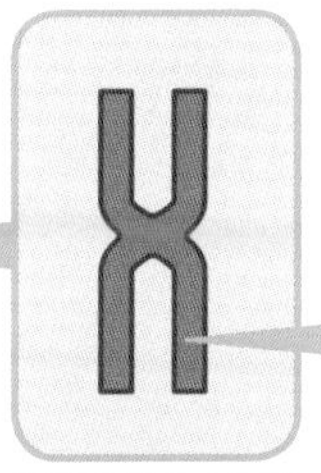

細胞の核の中には、46本（23対）の染色体がある。

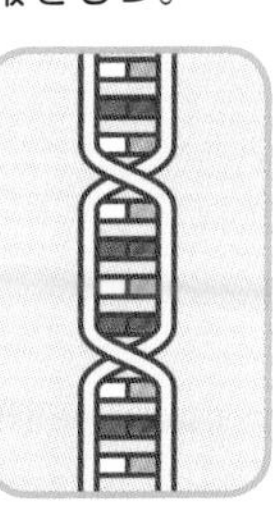

染色体は、DNAが折りたたまれてできている。

遺伝のしくみ〔図2〕

子どもは、両親から半分ずつの遺伝子を受け継ぐ。

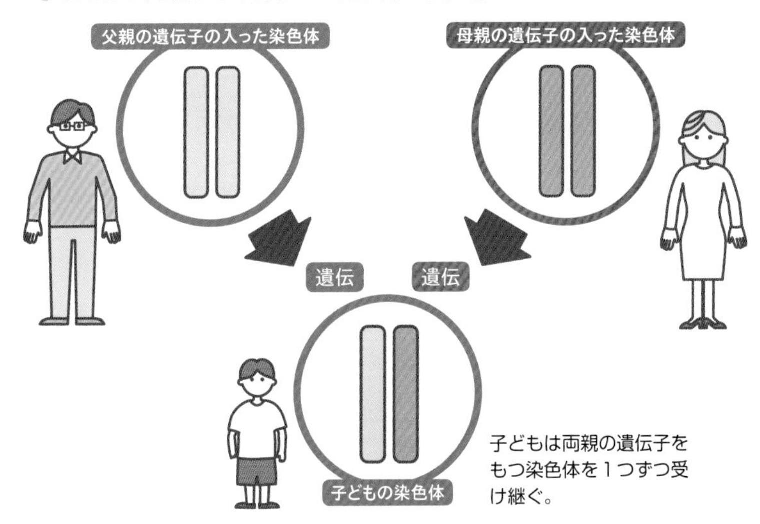

子どもは両親の遺伝子をもつ染色体を1つずつ受け継ぐ。

67 遺伝子って何？② DNAのはたらき

［遺伝子］

DNAは**二重らせん**のひもをほどいて、
自身を複製したり**たんぱく質を合成**する！

ヒトの細胞の核内に存在するというDNA。どんな形をしていて、どんなはたらきをしているのでしょうか？

DNAは、**2本のくさりがより合わさった「二重らせん構造」**です。2本のくさりを**「塩基」**という物質ではしごのようにつないだ形をしているのです。**この塩基の並びが遺伝情報で、ヒトを形づくるのに必要なことが刻まれています**。ヒトは1つの細胞から分裂していきますが、そこで大切なのが、**DNAの正確な複製**です。細胞は分裂する前に、核の中でDNAを複製して2倍に増やします。細胞分裂の前にらせんをほどいてひとそろいのDNAを複製し、分裂後にそれぞれのDNAを新しい細胞へ格納するのです〔図1〕。

1つの細胞が、心臓や皮膚など別々の器官に分かれていく（分化）のは不思議ですよね。どの細胞も同じ遺伝情報をもつのに別々の細胞になるのは、各細胞が「使う遺伝子」と「使わない遺伝子」に目印を付けるため。このしくみを**エピジェネティクス**といいます。

ヒトのカラダを構成する**たんぱく質の合成**に、DNAの遺伝情報は使われます。DNAに書かれた遺伝情報を**メッセンジャーRNA（mRNA）**という物質に転写し、このメッセンジャーRNAの情報をもとに、たんぱく質が合成されるのです〔図2〕。

遺伝子に目印をつけて違う細胞に分化

DNAの複製〔図1〕

細胞分裂の際、DNAのひもは2倍に増え、もとのDNAとまったく同じものが2つ生まれる。

❶ 細胞分裂がはじまる前、二重らせんのDNAひもがほどける。

もとのDNA

ほどける

新しいDNA

❸ 新しい二重らせんのDNAが2個生まれる。

塩基

塩基は4種類。アデニン、チミン、シトシン、グアニンでそれぞれが結びつく。

❷ ほどけた塩基に、補い合うように塩基が順番にくっつく。

新しいDNA

エピジェネティクスとは

各細胞が遺伝子にほどけやすさの目印をつけ、遺伝子のはたらきを変えて、受精卵をカラダに必要な約200種類の細胞に分化させるしくみ。

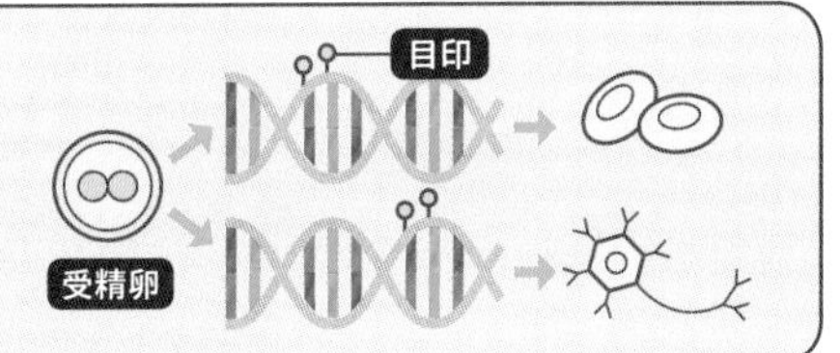

DNAでたんぱく質を合成〔図2〕

アミノ酸がつらなってできるたんぱく質は、DNAに書かれた「設計図」をもとに細胞内でつくられる。

❶ DNAがほどけて、RNAに塩基配列を転写。

❷ たんぱく質の情報だけになったメッセンジャーRNA（mRNA）が完成。

❸ mRNAの塩基配列をアミノ酸の配列に「翻訳」。設計図通りのたんぱく質が完成。

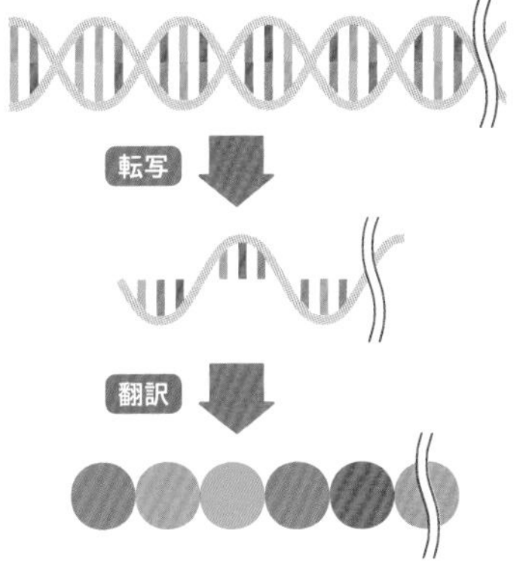

選んでわかる
人体の秘密
⑥

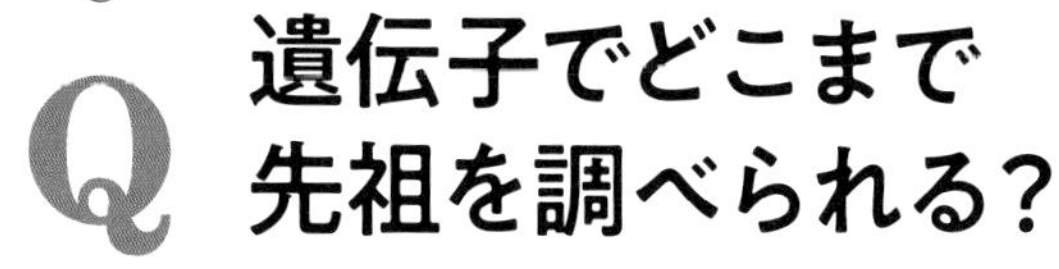

Q 遺伝子でどこまで先祖を調べられる？

昭和まで or 平安時代まで or 縄文時代まで or ヒト共通の祖先まで

私たちは自分の親から生まれ、その親たちは祖父母にあたるヒトから生まれ、その祖父母も…と、自分のルーツは、家系をさかのぼって探したりできます。では、遺伝子を調べれば、どこまで時代をさかのぼって、自分のルーツを調べられるのでしょうか？

親の特徴が子どもや子孫にあらわれることを「遺伝」といい、遺伝情報（ゲノムとも呼びます）はDNAに刻まれています。**ヒトのDNAは、染色体とミトコンドリアの中にあり、ヒトの細胞からこの2つを採取できれば、自分の血縁やルーツを探れる**のです。

子どもは、両親のDNAを半分ずつ受け継ぎますが、Y染色体（性別を決定づける性染色体）は父親から息子へほとんど変化せずに受け継がれます。この**Y染色体を調べれば、父親のほうの先祖（父方先祖）を追うことができる**のです。

同様に、ミトコンドリアDNAは母親から子どもへ受け継がれることがわかっています。この**ミトコンドリアDNAを調べることで、母親のほうの先祖（母方先祖）をさかのぼっていけます。**

これらのDNA検査から、自分の出自や家系を追跡したりできます。イタリアの芸術家レオナルド・ダ・ヴィンチの子孫を探すなど、血縁探しにも利用されています。

DNAは生きているヒトだけでなく、太古の人骨からも採取できます。古代人の人骨から採取されたDNAの分析・比較から、日本人の祖先は、元々日本に住んでいた縄文人と大陸から渡来した渡来人の混血であるとわかってきました〔下図〕。さらに、ミトコンドリアDNAの分析から、ヒトの共通祖先として、13～17万年前のアフリカの女性にたどりつきます。最新の研究では、ヒトの祖先から始まる「ミトコンドリアの系統図」も描かれるようになりました。つまり、「ヒト共通の祖先まで」調べられるということです。

遺伝子（ゲノム）でたどる日本人のルーツ

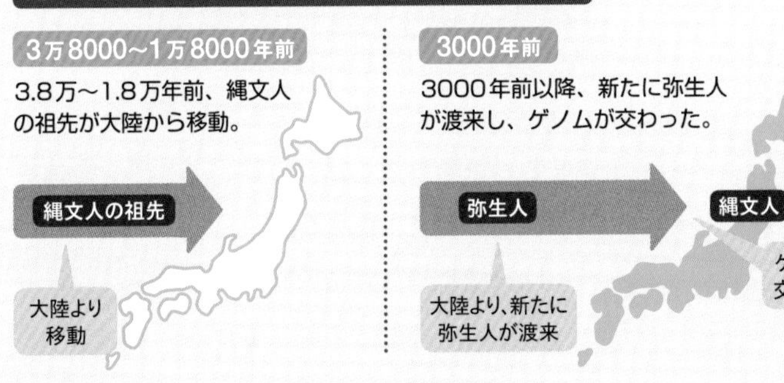

68 男女の違いはどこで決まるの？

［遺伝子］

XとYの**性染色体**が男女を決める。
XXなら女性、XYなら男性になる！

精子と卵子が受精して妊娠し、赤ちゃんが生まれますが、赤ちゃんの男女はどのようにして決まるのでしょうか？

男女の違いは、細胞核内の染色体で決まります。ヒトの染色体は、常染色体が22対で44本、性染色体が１対の合計23対になり46本あります。**男女の性別は、そのうちの性染色体によって決まるのです**〔図1〕。

性染色体は大きい方が**X染色体**、小さい方が**Y染色体**と呼ばれていて、女性は44本＋ＸＸ、男性は44本＋ＸＹの染色体をもっています。女性と男性の体内で、生殖細胞である卵子と精子ができるとき、**減数分裂**（細胞当たりの染色体数が半分になること）が起こります。染色体数は１対が２つに分かれて半分になり、卵子は22本＋Ｘ、精子は22本＋Ｘか22本＋Ｙの２種類のものができます。

この卵子と精子が受精すると、男女双方の染色体が合体して、44本＋ＸＸまたは、44本＋ＸＹの染色体をもった赤ちゃんができます。**ＸＸの染色体をもった赤ちゃんは女の子、ＸＹの染色体をもった赤ちゃんは男の子**となります〔図2〕。

生まれてくる赤ちゃんは、父と母２人のそれぞれの染色体を半分ずつもつため、父親と母親の両方の遺伝情報を受け継いでいます。

常染色体と性染色体がある

ヒトの染色体〔図1〕

ヒトの染色体のうち22対を常染色体、残り1対を性染色体という。女性の場合、性染色体は2つともX、男性の場合、性染色体はXとYとなる。

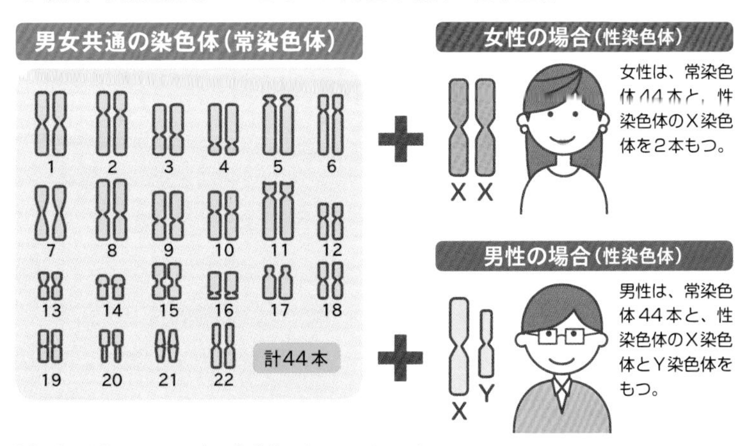

染色体が男女を決める〔図2〕

父親と母親からの精子と卵子の結合によって、双方の染色体（遺伝情報）が受け継がれ、男女が決まる。

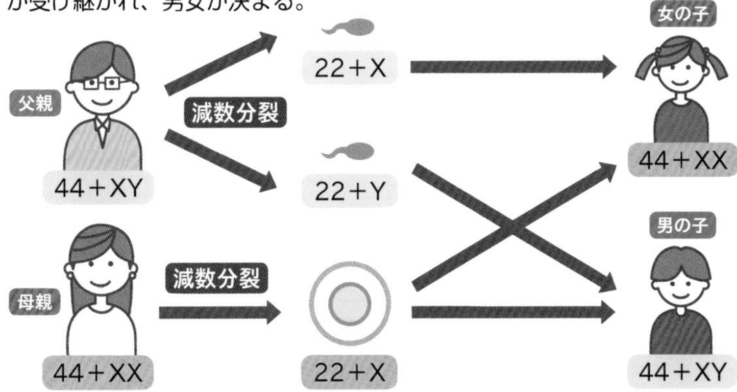

69 ［遺伝子］ 遺伝子にも種類がある？ 優性遺伝子と劣性遺伝子

なるほど！ 遺伝子のうち、**あらわれる方を優性遺伝子**、**あらわれない方を劣性遺伝子**と呼ぶ！

子どもは、父親と母親から半分ずつ遺伝子をもらいます。例えば、父親の耳あかが湿っていて、母親の耳あかが乾いている場合、その特徴が、子どもに同時にあらわれることはありません。１つの特徴（形質）のうち、同時にあらわれない２つの特徴があることを**「対立形質」**、対立形質に対応する遺伝子を**「対立遺伝子」**と呼びます。

両親の耳あかの遺伝は子どもに受け継がれます〔右図〕。耳あかが湿式か乾式か、**どちらの特徴が遺伝されるかは１対の対立遺伝子で決められます**。特徴があらわれる方を**「優性（顕性）遺伝子」**、逆にあらわれない方を**「劣性（潜在）遺伝子」**と呼びます。

これはオーストリアの生物学者メンデルが発見した**「優性の法則」**というもの。優性・劣性は、遺伝子の優劣という意味で使われておらず、特徴があらわれた方を優性と呼んでいるに過ぎません。

実は、優性の法則はヒトにあてはまる例は少ないと考えられています。１つの遺伝子の優劣だけでは特徴は決定づけられないこともあり、複数の遺伝子や生活環境がヒトの特徴を決定づけるためです。

優性の法則において、長らく遺伝子間の優劣を決定する因子は不明でしたが、**優性の遺伝子からつくられる分子が、劣性遺伝子のはたらきを阻害する**ことが突き止められ、研究が進められています。

優性の法則はあまりヒトにあてはまらない

優性の法則とは?

両親から受け継いだ特徴は、同じ部位に同時にあらわれない。どちらの特徴になるかは1対の対立遺伝子で決定され、優性遺伝子の特徴のみ表にあらわれることを「優性の法則」という。

耳あかの遺伝は、湿式と乾式の1対の対立遺伝子で決められ、**湿式が優性遺伝子、乾式が劣性遺伝子**となる。

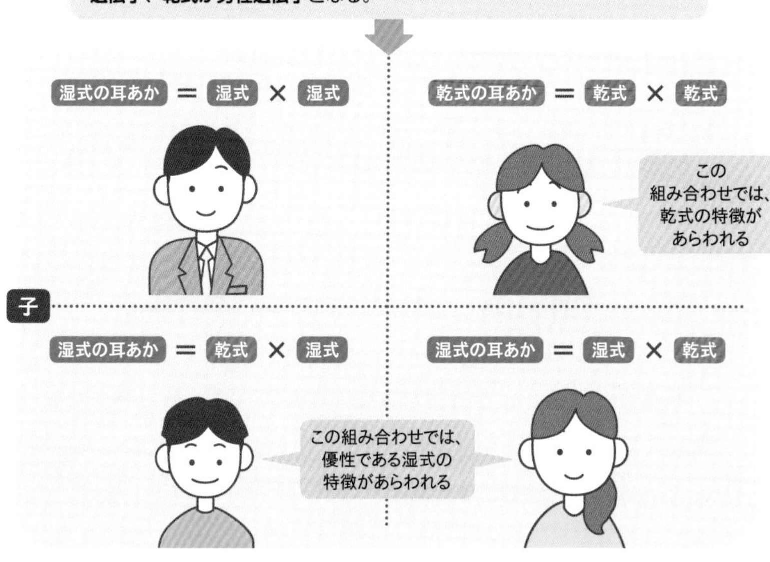

70 太りやすい体質は遺伝するの?

［遺伝子］

肥満に関係する遺伝子の違いで、基礎代謝が低下して肥満のリスクに！

　身長や体質などと同じように、両親の肥満も子どもに遺伝するのでしょうか？

　肥満度は、両親から受け継ぐ遺伝的な要因と、毎日の食生活や運動といった環境的な要因の影響を受けます。諸説ありますが、**肥満の要因は遺伝の影響は25%、環境の影響は75%といわれます**。子どもの肥満は環境要因が大きく、食事や運動といった行動パターンが親子で同じになるため、家族的な肥満が多くなるようです。

　一方で、カラダの基礎代謝や食欲の加減などに関係する遺伝子が、**肥満関連遺伝子**としていくつか特定されています〔右図〕。

　肥満関連遺伝子とはどういうものなのでしょうか？　たとえばβ(ベータ)3アドレナリン受容体遺伝子は、代謝に関係する受容体たんぱく質をつくります。この遺伝子のどこかに変異があると、受容体の性質が変化し、変異がないヒトより基礎代謝が低く、中性脂肪の分解が抑制されることがわかっています。

　基礎代謝が低くなると、カロリーを消費しづらいカラダとなり、肥満のリスクも高くなります。このような遺伝子の変異を調べることで、ヒトの太りやすさを分析する研究が続けられています。代謝のよいカラダを維持することが、健康に重要な要素になります。

肥満関連遺伝子の変異が肥満のリスクに

おもな肥満関連遺伝子

遺伝子のうち、基礎代謝や食欲の調整などに関係する遺伝子。「肥満遺伝子」や「倹約遺伝子」とも呼ばれる。

β3アドレナリン受容体（β3AR）遺伝子

この遺伝子からできるたんぱく質は、脂肪細胞が貯蔵する中性脂肪の分解をうながす。変異型では脂肪を分解しづらくなる。

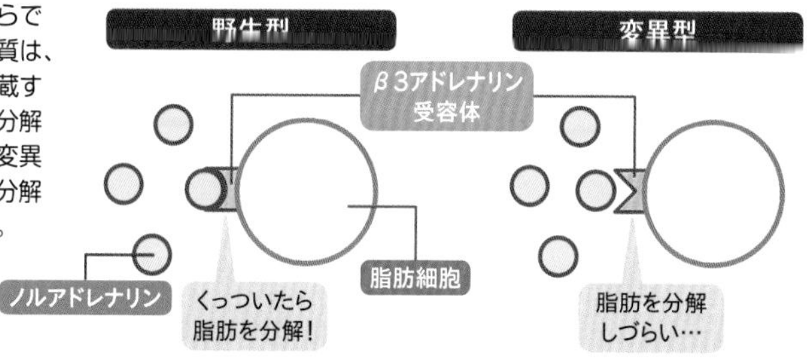

UCP1遺伝子

脂肪細胞のミトコンドリア内での、脂肪燃焼に必要なたんぱく質を生成する遺伝子。変異型では脂肪を燃焼しづらくなる。

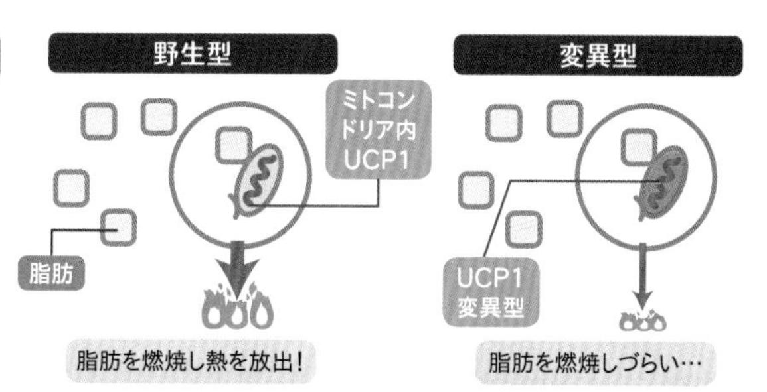

日本人は太りやすい？

アメリカ先住民のピマ族は米国流の食生活になったとたん、人口７割以上が肥満になった時期があり、２人に１人、β３アドレナリン受容体遺伝子の変異が見つかった報告があった。この変異遺伝子は、日本人の約３割がもっているといわれる。

71 遺伝子で親子関係をどうやって調べる？

［遺伝子］

DNAはそれぞれのヒトで異なるため、
親子の**DNA型を解析・比較**して調べる！

ドラマなどで髪の毛を調べて、親子かどうかを鑑定するようなシーンが描かれますが、いったいどうやって調べるのでしょうか？

親子かどうかの鑑定は**DNA鑑定**で調べることができます。DNAはヒトそれぞれで異なっていて、生涯変化することはありません。親子であれば、**子どものDNAの半分は父親、半分は母親から受け継がれます**（➡P166）。

つまり、子どものDNAは両親のDNAの半分と一致するわけで、DNAの解析によって、一致・不一致を調査できます。ここでは、DNA鑑定の手順を見てみましょう〔右図〕。

まず、口の中の粘膜などを採取して、DNAを抽出します。ただし、抽出されたDNAでは鑑定には量が少なすぎるため、**PCR（ポリメラーゼ連鎖反応）**法という技術でDNAの目的とする領域を数万～数十万倍に増やします。そして、電気泳動法などの技術を用いて、DNA型を判定します。

こうやって解析された親と子のDNA型を比較して、親子鑑定を行います。**この検査法では、同じDNA型があらわれる確率は4兆7,000億人に1人という精度**です。世界の人口は約78億人なので、個人を特定することができるのです。

4兆7,000億人に1人の確率

DNA鑑定の流れ

1 DNAを採取

口の中の粘膜などを採取し、そこからDNAを抽出する。

2 DNAを増やす

PCR装置を使って、DNAの特定領域を増やす。

PCR装置とは？

ごく少量のDNAを複製し、大量に増やす装置のこと。ウイルスのDNAを増やして感染症の診断にも使用される。

3 DNAを解析する

電気泳動法などの技術を用いて、DNAの型を解析する。

電気泳動法とは？

水溶液の中で、帯電する物質を大きさごとに分離する方法。DNAは帯電するため、DNAを大きさ別に分離できる。

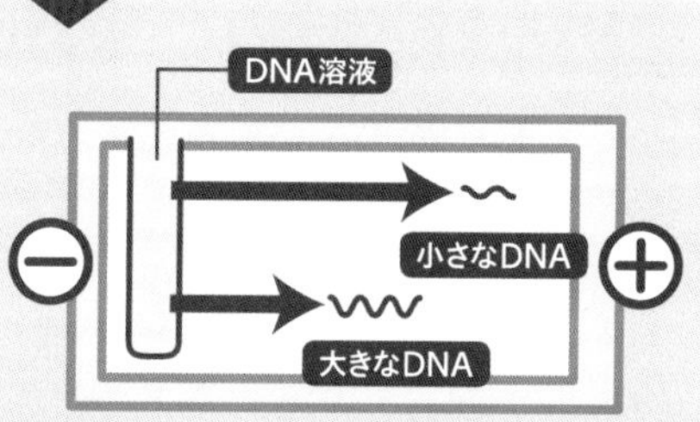

4 DNAを比較する

解析した親と子のDNA型を比べる。

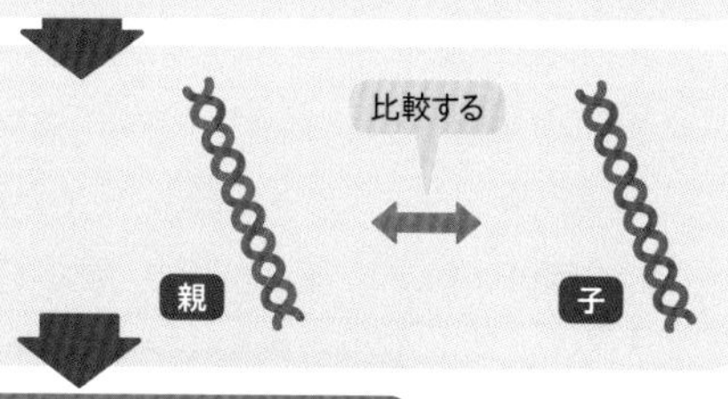

一致したら親子と鑑定できる！

72 ［睡眠］ どうして朝型・夜型のヒトがいるのか？

なるほど！ 朝型・夜型を決めるのは**年齢や環境が主要因**。「**時計遺伝子**」が要因となることも！

朝に強い朝型のヒト、夜に調子が出る夜型のヒト。こういった違いは、どうして出てくるのでしょうか？

ヒトには、**体内リズム（概日リズム）をつくり出す体内時計**が備わっています。睡眠や覚醒タイミングのほか、ホルモン分泌、体温調節といった生理活動も**約24時間周期のリズム**をもっています。

このリズムには個人差があります。一人ひとりがもつ睡眠時間の傾向は**「クロノタイプ」**といい、朝に頭が冴える**「朝型」**、夜更かしが得意な**「夜型」**、そして**「どちらでもない」**の３つの型が有名です〔図1〕。睡眠時間の傾向は、年齢、習慣、生まれつきの脳の性質など、さまざまな要因で変化していきます。例えば、体内時計のずれは光によってリセットされます。食事の時間、学校や仕事のスケジュールも、睡眠時間の傾向を変える要因です。

遺伝子による生来の脳の性質も、要因のひとつです。体内時計は、**「時計遺伝子」**という遺伝子のはたらきにより、約24時間周期のリズムを保っています〔図2〕。この時計遺伝子の数や変異が、朝型か夜型かを決めるという研究もあります。

このように生まれつきもつ自分の体内時計の遺伝的特徴を考えながら、効率よく暮らしていくこともヒトには大切なのです。

時計遺伝子が体内時計の周期をつくる

クロノタイプとは?〔図1〕

ヒトは昼行性だが、頭が冴えるタイミングは一人ひとり異なり、その時間的な傾向をクロノタイプと呼ぶ。

朝型 ← どちらでもない → 夜型

- 早寝早起きを好む。
- 朝に最も活動的で注意力が高まる。

- 遅寝遅起きを好む。
- 夕方に最も活動的で注意力が高まる。

体内時計と時計遺伝子〔図2〕

体内時計は、時計遺伝子のはたらきで約24時間周期のリズムをつくる。ヒトがもつ時計遺伝子の数で、クロノタイプが決まるという研究も。

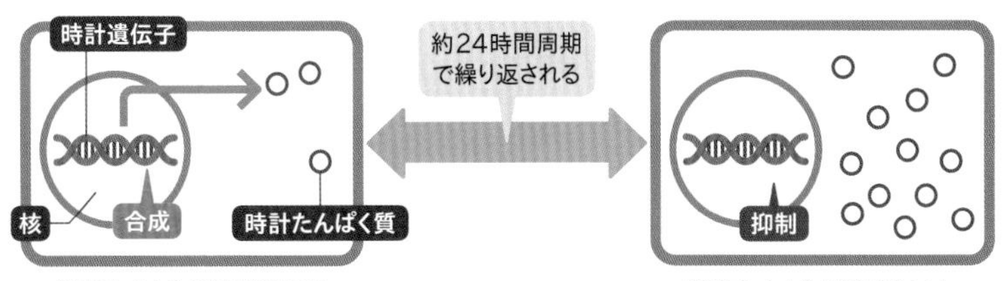

時計たんぱく質が少ないとき、時計遺伝子が時計たんぱく質を合成。

時計たんぱく質が多いとき、時計たんぱく質の合成を抑制。

時計遺伝子は約350個確認されていて、最も多い人は最も少ない人に比べて、25分早く眠るという研究も!

73 ヒトはなぜ「老化」するのか?

［老化］

なるほど! 老化は「テロメア」などが原因で、細胞が老化することが原因のひとつ!

「加齢」や「老い」は生命の永遠の謎です。どの人も生まれて成長し、老化し死んでいきます。老化のしくみはまだ解明されていませんが、いくつかのメカニズムが考えられています。

ひとつは**細胞の寿命**です。細胞には寿命があり、細胞分裂を無限に繰り返すことはできません。細胞分裂の際は、遺伝情報の集合体であるDNAが収まっている「染色体」が複製されます。

染色体の両端には**「テロメア」**という部分があり、**テロメアは分裂のたびに短くなります**。そして、ある程度短くなると複製ができなくなり、分裂できなくなります。その数は50～70回と考えられ、これが細胞の寿命ということになります〔図1〕。**細胞の寿命とヒトの寿命には、関連があると考えられています**。医学がさらに進歩しても、150歳は超えないだろうといわれています。

また、活性酸素の産生が過剰になる**「酸化ストレス」**も老化を早める原因とみられています〔図2〕。

老化の研究は**「加齢生物学」**などの分野で進められています。老化しないハダカデバネズミのような生物も見つかっているからです。細胞や個体が老化していくときに起こるミクロな変化の研究や、老化を遅らせる**「老化制御」**の研究が大きな注目を集めています。

老化のしくみは解明されていない

テロメアとは？〔図1〕

染色体のうち、テロメアという部分は分裂のたびに短くなり、やがて分裂を止める指令を出す。

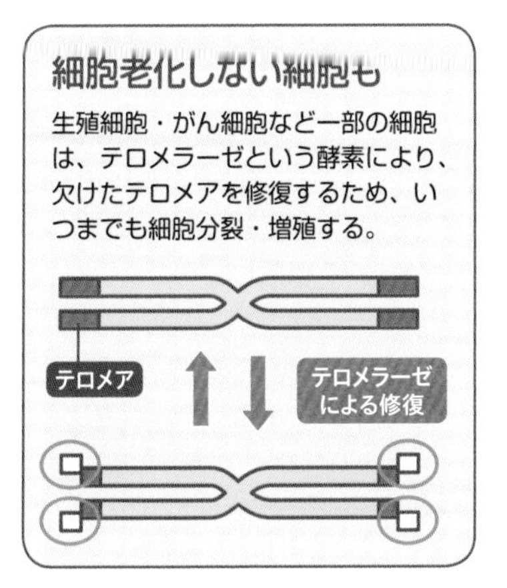

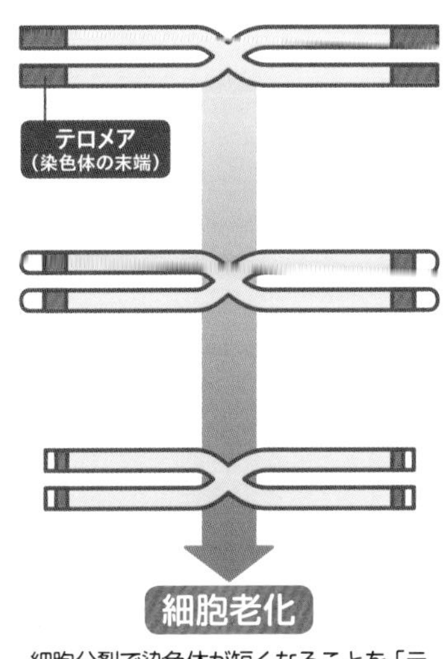

細胞分裂で染色体が短くなることを「テロメア短縮」といい、体細胞はやがて細胞老化（細胞分裂を停止）する。

酸化ストレスとは〔図2〕

活性酸素は、免疫や伝達物質としてカラダのためにはたらくが、過剰に産出されると、細胞を傷つけ老化の一因になる。

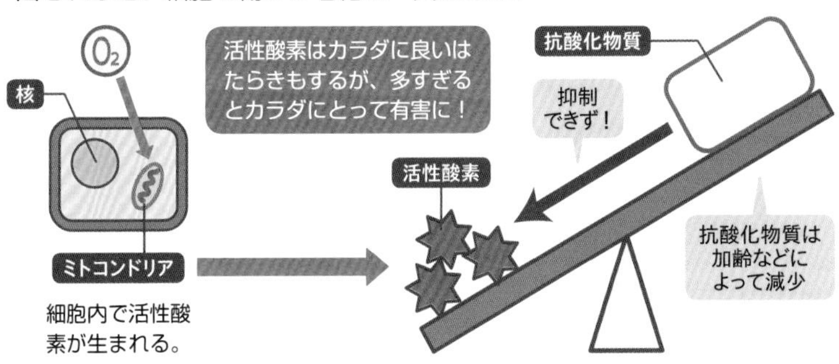

「がん」とはどんなモノなのか?

なるほど!
正常機能を失い、無用な増殖を繰り返すがん細胞が「がん」の正体!

「がん」という病気は、何なのでしょうか?　ここでは、**がん細胞ができるしくみ**を見ていきましょう。

ヒトのカラダは、さまざまなパーツから成り立っていて、それぞれのパーツは、役割の決まった細胞からできています。細胞には寿命があります。新しく同じ役割をもつ細胞が必要な場合、増殖して置き換わると増殖は止まります。このようなしくみが持続できるのは、**細胞や細胞の中の遺伝子が正常に保たれている**からです。遺伝子が正常で細胞分裂が行われている限り、細胞に寿命は存在します。

このしくみが、何かをきっかけに壊れたとします。すると、**元の形と寿命を失った細胞が無限に分裂・増殖を繰り返すようになります**〔右図〕。これが**「がん」**です。がん細胞は、正常な細胞の居場所を奪って周囲を破壊しながら広がっていきます(**がんの浸潤**)。

細胞には互いに接着し合うしくみがありますが、がんになるとそのしくみが壊れ、バラバラになりやすくなります。バラバラに散ったがん細胞は、血管やリンパ管などに入って移動し、ほかの臓器で無秩序に増殖します(**がんの転移**)。

がんが免疫をすり抜けて無限に増殖したり、転移したりするしくみの研究が続けられています。

がん細胞は無限に増殖していく

がん細胞のしくみ

元の形と寿命を失った細胞が増殖を繰り返し、正常な細胞を破壊していく。

1 がん化をうながす物質にさらされると、細胞の遺伝子が傷つき、正常な細胞がおかしくなる。

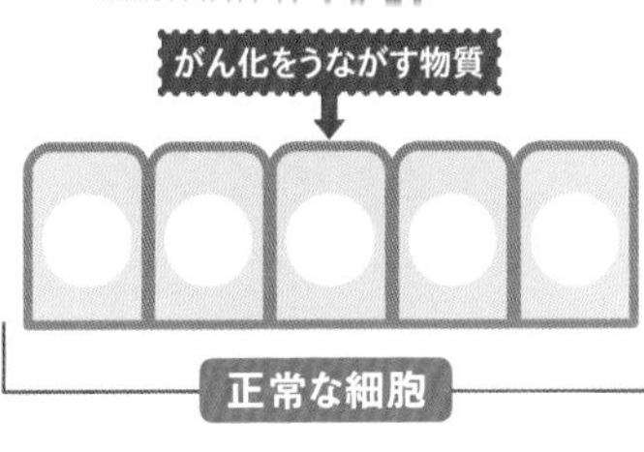

2 正常な細胞の遺伝子に傷がつくと、異常な細胞（がん細胞）が発生する。

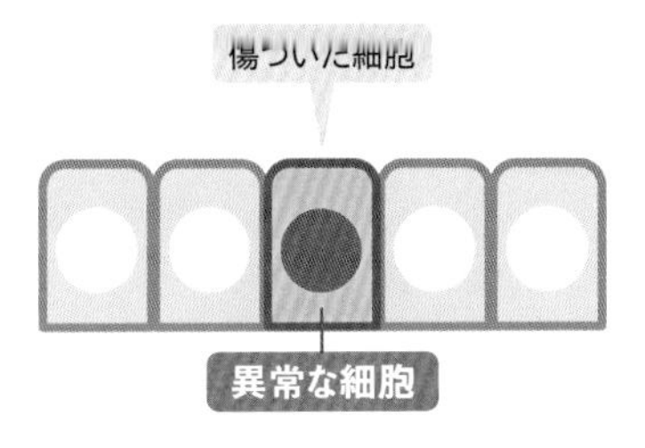

3 がん細胞は増殖し、まわりの細胞を壊してかたまりになる（浸潤）。

4 がん細胞の一部が離れ、血管やリンパ管に入ると、全身にがんが広がる（転移）。

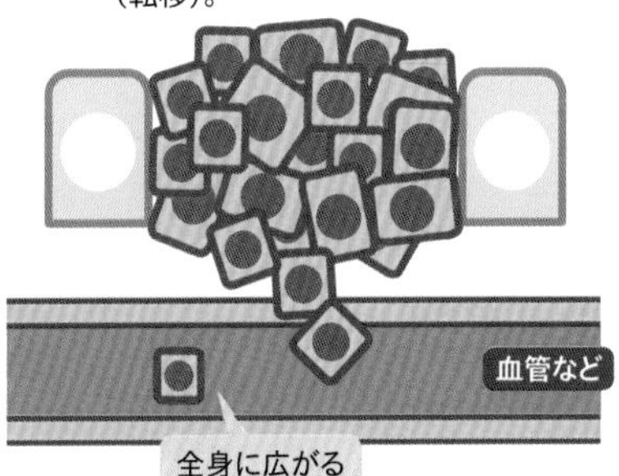

がん化をうながす物質とは？

がんの原因となるものは、喫煙・飲酒・肥満などの生活習慣の問題、発がん性ウイルスの感染、化学物質、紫外線などが考えられています。

Q 遺伝子治療で、病気にならないカラダに改造できる？

できる　or　できない

病気になるのはイヤですよね。日頃から健康に気を使いつつ、病気にならないよう気をつけるほかに、例えば自分の遺伝子を改良して、「病気にならないカラダ」につくりかえる…といったことは可能なのでしょうか？

すべてのDNAの中で、「遺伝子」としてはたらく部分は2％。残りの98％は現在も解析中で、そのなかにはいわゆる**「病気からカラダを守るDNA」**が存在するとみられています。

例えば、**「CCR5遺伝子」**を除去すれば、HIVウイルスへの感染を阻止できるとされています。このように、遺伝子を改変したり削除すれば、ヒトは病気にならない超人になれるのでしょうか？

それを可能にする技術のひとつに、**「ゲノム編集」**があります。遺伝子の「ハサミ」を用いてDNAを切り取り、標的DNAを除去したり置き換えたりできるツールです。この技術は数千種類以上ある単一遺伝子疾患の治療に期待されています〔下図〕。

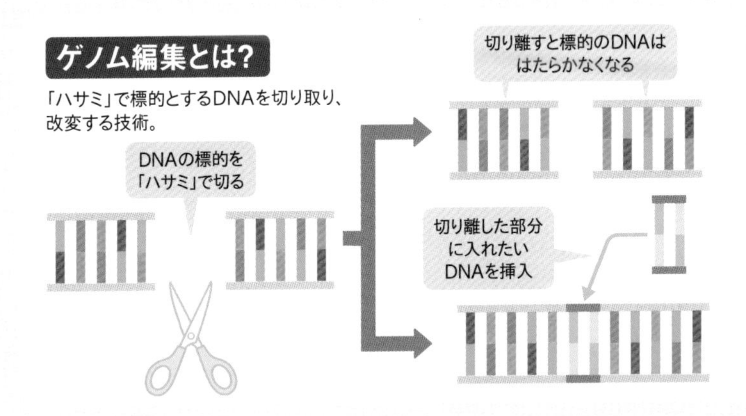

「遺伝子治療」自体は行われ始めてはいます。例えば、遺伝子の塩基配列に異常があり、あるたんぱく質がつくれない患者の場合、ウイルスベクターによって正常な遺伝子を埋め込んだ細胞を患者の体内に投入する形で行われます。

ですので、答えは「できる」ようになったです。

ただ、病気は複数の遺伝子が関与していることも多く、ゲノム編集の応用にはもっと研究が必要です。意図せず標的以外のDNAを間違えて編集してしまう**「オフターゲット効果」**が起こる問題もあります。また、ヒトが都合のよいヒトをつくり出してよいのかという倫理的な面もあり、まだまだ議論が尽くされるべき問題です。

75 ［死］ 「死」ってどういうこと？

なるほど！ **細胞レベルの死**と、**個体レベルの死**がある。個体死の直前の「**脳死**」もある。

ヒトはやがて死にます。「死」とはどういうものなのでしょうか？ ここでは、**細胞レベルの死**と、**個体レベルの死**を見ていきます。

細胞死は、なんらかの傷を受けたり、酸素の不足などで細胞が死ぬ**ネクローシス**と、細胞が自主的に死んでいく**アポトーシス**があります〔図1〕。なぜ細胞は自ら死ぬのでしょうか？ ひとつは総体としてのヒトを生存させるための細胞死です。胎児が成長する過程で、しっぽや手の水かきなど不要な細胞を消す役割ももちます。

また、病原菌に感染した細胞が細胞死を起こして感染を防ぐといった、**命を守るための役割**も担います。体内では常に古い細胞が死に、新しい細胞が生まれています。**アポトーシスは、カラダが正常な細胞構成を維持する手助けをしている**のです。

次に、ヒトの個体死について。病院などで医師がヒトの死を確認する場合、❶**自発呼吸の停止**　❷**心拍動の停止**　❸**瞳孔の対光反射の消失**の「死の三徴候」により、死の判定を行います〔図2〕。

また、日本では**脳死もヒトの死と法律的にみなされています**。脳死とは、脳幹も含めた脳全体の機能が失われた状態です。

脳死にいたれば、時を待たずに死亡します。脳死はとても重く重要な判断なので、極めて厳しい判断基準が設けられています。

細胞死が命を守るはたらきを担う

細胞死とは〔図1〕

細胞が何らかの原因で壊れること。この２つの分類以外にも、細胞死の種類はたくさんある。

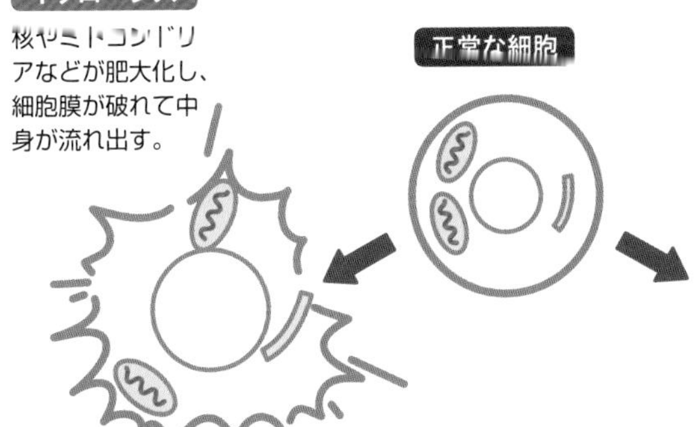

アポトーシス
細胞全体が縮小、核を含めて断片化。やがて白血球などに取り込まれ消去される。

死の三徴候〔図2〕

医師は、以下の３つの徴候からヒトの死を確認する。日本では、脳死も法律的にヒトの死とみなされる。

1 自発呼吸の停止
自分の力で呼吸ができず、呼吸が停止している状態。

2 心拍動の停止
完全に心臓の動きが止まっている状態。

3 対光反射の消失
死亡すると目に光を当てても瞳孔が小さくならない。この反応の有無で生死を確認する。

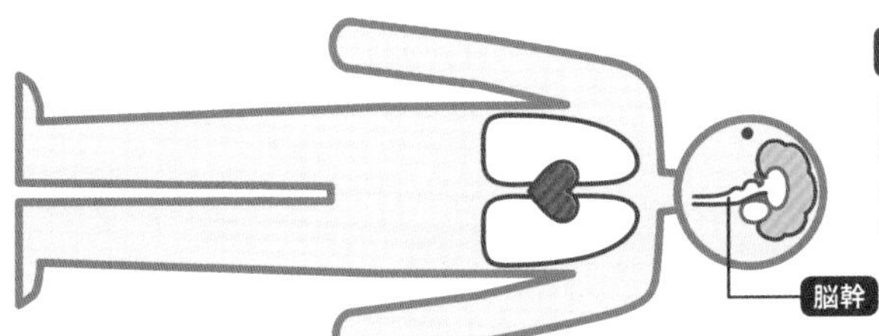

脳死
脳幹も含めた脳全体の機能が停止した状態。心臓は動いているが、やがて止まる。

脳幹 呼吸など生命維持に関わる器官。

さくいん

あ

か

さ

監修者 大和田潔（おおわだ きよし）

医師、医学博士。東京都葛飾区生まれ。福島県立医科大学を卒業後、東京医科歯科大学神経内科にすすむ。救急病院などを経て、同大学大学院にて基礎医学研究を修める。あきはばら駅クリニック院長（現職）、東京医科歯科大学臨床教授。総合内科専門医、神経内科専門医、日本頭痛学会指導医、日本臨床栄養協会理事。著書に『知らずに飲んでいた薬の中身』（祥伝社新書）など。監修書に『のほほん解剖生理学』『じにのみるだけ疾患 まとめイラスト』（永岡書店）などがある。取材記事、メディア出演多数。

執筆協力	入澤宣幸、鈴木進吾（シンゴ企画）
イラスト	桔川シン、堀口順一朗、北嶋京輔、栗生ゑゐこ
デザイン・DTP	佐々木容子（カラノキデザイン制作室）
校閲	木村敦美、西進社
編集協力	堀内直哉

イラスト＆図解 知識ゼロでも楽しく読める！
人体のしくみ

2022年 2月10日発行　第1版
2024年10月30日発行　第1版　第4刷

監修者	大和田潔
発行者	若松和紀
発行所	株式会社 西東社

〒113-0034　東京都文京区湯島2-3-13
https://www.seitosha.co.jp/
電話　03-5800-3120（代）

※本書に記載のない内容のご質問や著者等の連絡先につきましては、お答えできかねます。

ISBN 978-4-7916-3002-8